最新の有機化学演習

東郷秀雄 著

有機化学の**復習**と
大学院合格に向けて

裳華房

Advanced Problems in Organic Chemistry
— from Standard Level to High Level
for Entrance Examination of Graduate Schools —

by

Hideo TOGO

SYOKABO

TOKYO

序文

　有機化学は化学品、医薬品、そして農薬や機能材料などの有機合成における基本であり、極めて重要な学問であると同時に、実験の学問でもある。実験で有機合成を効率的に展開するには、電子的効果、立体的効果、溶媒効果などに加えて、どの試薬を用い、どの合成プロセスをとるべきかなどを的確に判断していく必要がある。これを遂行するには、日頃から有機化学演習を通じて、有機構造論、有機電子論、有機反応論、および有機合成論などを整理して、理解しておく必要がある。

　本書は、有機化学の講義の復習も兼ねて、基本から応用まで幅広く学習できるように演習問題を系統的に網羅し、有機構造論、有機電子論、有機反応論、および有機合成論など有機化学全般から出題した総合演習書であり、大学院受験勉強にも最適である。特に反応機構や、重要な有機人名反応、および合成論を幅広く取り上げ、有機合成の現場でも参考になるように充実した内容にしてある。また、最近の論文からも多くの反応例を引用している。なお、問題には難易度の目安（ A 基本問題、 B 標準問題、 C やや難問題）を示した。

　本書を通じて、将来の化学を担う若い学生諸君が、有機化学の学力を一層高め、卓越した有機化学の専門家として、社会で大いに活躍して下されば幸いである。

　最後に、本書を作成するにあたり、多くの助言をいただき、出版に導いて下さった裳華房の小島敏照氏と山口由夏氏に心からお礼を申し上げる。

平成 26 年 2 月

東 郷 秀 雄

目次

序　文 ………………………………………………………………………… iii

第1章　基本有機化学 ……………………………………………… 1

- 1.1　構造と立体配座 …………………………………………………… 2
- 1.2　分子間相互作用 …………………………………………………… 3
- 1.3　異性体と立体化学 ………………………………………………… 4
- 1.4　酸性と塩基性 ……………………………………………………… 6
- 1.5　芳香族性 ………………………………………………………… 10
- 1.6　極　性 …………………………………………………………… 11
- 第1章　解　答 ……………………………………………………… 12

第2章　基本有機反応化学 ……………………………………… 29

- 2.1　求核置換反応 …………………………………………………… 31
- 2.2　求核置換反応と溶媒効果 ……………………………………… 33
- 2.3　求核置換反応と隣接基関与 …………………………………… 34
- 2.4　脱離反応と立体化学 …………………………………………… 36
- 2.5　求電子付加反応および求核付加反応 ………………………… 37
- 2.6　芳香環の反応 …………………………………………………… 40
- 2.7　ラジカル反応 …………………………………………………… 41
- 2.8　同位体効果 ……………………………………………………… 42
- 2.9　総合問題 ………………………………………………………… 43
- 第2章　解　答 ……………………………………………………… 50

第3章 重要な有機人名反応
反応生成物と反応機構 ……… 78

- 3.1 求核置換反応 ……… 79
- 3.2 酸化反応　アルコールや炭素・炭素二重結合の酸化 ……… 81
- 3.3 還元反応　アルデヒド、ケトン、およびエステルの還元 ……… 83
- 3.4 脱離反応　アルケン類の生成 ……… 84
- 3.5 アルデヒドやエステルの反応 ……… 86
- 3.6 転位反応 ……… 88
- 3.7 金属を用いたカップリング反応 ……… 91
- 3.8 芳香環の反応 ……… 92
- 3.9 複素環の形成反応 ……… 93
- 3.10 ラジカル反応 ……… 95
- 3.11 ペリ位環状反応 ……… 97
- 第3章 解答 ……… 99

第4章 有機合成反応と反応機構 ……… 145

- 総合問題 ……… 146
- 第4章 解答 ……… 162

第5章 天然物合成反応
最近報告された学術論文から ……… 203

- 総合問題 ……… 205
- 第5章 解答 ……… 231

索引 ……… 261

第1章 基本有機化学

> **目標**
> 第1章では、分子の構造、立体化学や立体異性体、分子内および分子間の相互作用、芳香族性、および酸と塩基など、有機化合物の基本的性質について演習を通して学ぶ。

例題

$C_7H_{14}O$ の分子式をもつシクロヘキシル メチル エーテルとシクロヘキサンメタノールについて次の問いに答えなさい。 A

a) これら2つは、どのような異性体に分類されるか述べなさい。
b) シクロヘキシル メチル エーテルの安定な立体配座を図示しなさい。
c) より沸点の高い化合物を示し、簡潔に理由を述べなさい。

解答例

a) これらは互いに構造異性体であり、構造異性体には、炭素鎖の骨格が異なる骨格異性体、官能基が異なる官能基異性体、官能基の位置が異なる位置異性体がある。シクロヘキシル メチル エーテルはエーテル官能基をもち、シクロヘキサンメタノールはヒドロキシ基をもつので、官能基異性体に分類される。

b) シクロヘキサン環は、より安定なイス形配座をとる。これにより、シクロヘキサン環の置換基はアキシアル位とエクアトリアル位の2種類が存在する。メトキシ基は水素原子より立体的に嵩張るため、シクロヘキシル メチ

ル エーテルのメトキシ基はエクアトリアル位の配座で存在する。（1,3-ジアキシアルの立体的相互作用を少なくするため。）

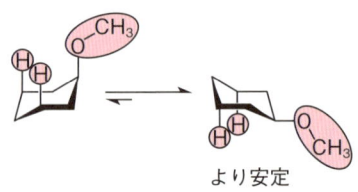

c) シクロヘキシル メチル エーテルは分子間水素結合を形成できない。一方、ヒドロキシ基をもつシクロヘキサンメタノールは分子間の水素結合を形成するため、沸点が高い。（気化させるには、これらの水素結合を切断する必要があり、その分の熱エネルギーが必要となる。）

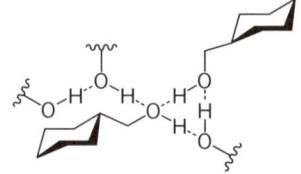

1.1 構造と立体配座

問 1-1　プロパンとブタンについて次の問いに答えなさい。A
  a) プロパンの C_1-C_2 結合を中心として、安定な配座と不安定な配座を Newman 投影式で表しなさい。同様に、ブタンの C_2-C_3 結合を中心として、安定な配座と不安定な配座を Newman 投影式で表しなさい。
  b) 縦軸をポテンシャルエネルギー、横軸を回転角度として、プロパンの C_1-C_2 結合を中心として回転角度とポテンシャルエネルギーの関係を図示しなさい。ブタンの C_2-C_3 結合についても、同様に図示しなさい。

問 1-2　次に示した化合物 **A ~ E** の安定なイス形配座をかきなさい。　A

A　**B**　**C**　**D**　**E**

問 1-3　*cis*-1,2-ジメチルシクロヘキサンと *trans*-1,2-ジメチルシクロヘキサンの各安定なイス形配座をかきなさい。*cis*-1,3-ジメチルシクロヘキサンと *trans*-1,3-ジメチルシクロヘキサンについても同様に答えなさい。　A

1.2　分子間相互作用

問 1-4　$CH_3CH_2OCH_2CH_3$（分子量 74）、$CH_3CH_2CH_2CH_2NH_2$（分子量 73）、および $CH_3CH_2CH_2CH_2OH$（分子量 74）は同程度の分子量をもつ。これらを沸点の高い順に不等号で並べ、その理由を述べなさい。　A

問 1-5　構造異性体である $CH_3CH_2CH(CH_3)CH_2NH_2$、$CH_3CH_2N(CH_3)CH_2CH_3$、および $CH_3CH_2CH(CH_3)NHCH_3$ を沸点の高い順に不等号で並べ、その理由を述べなさい。　A

問 1-6　1-ブテン、*trans*-2-ブテン、および *cis*-2-ブテンを熱力学的に安定な順に不等号で並べ、その理由を述べなさい。　A

問 1-7　*tran*-1,2-シクロペンタンジオール（沸点 136 ℃ / 21 mmHg）は *cis*-1,2-シクロペンタンジオール（沸点 108 ℃ / 20 mmHg）より沸点が高い。この理由を

述べなさい。A

問 1-8 次に示した化合物 **A** および **B** の安定なイス形配座をかきなさい。また、分子内水素結合をしているのはどちらの化合物かを示しなさい。A

1.3 異性体と立体化学

問 1-9 次に示した化合物 **A**〜**E** のキラル炭素を絶対配置 R/S 表示で示しなさい。また、化合物 **A** と **B** の関係、**C** と **D** の関係、化合物 **C** と **E** の関係、化合物 **D** と **E** の関係、およびそれらの互いの物理的性質と化学的性質の相違を述べなさい。A

問 1-10 D-トレオースのキラル炭素の絶対配置を R/S 表示で示しなさい。また、D-トレオースの鏡像異性体（エナンチオマー）を Fischer 投影式と Newman 投影式で示しなさい。B

1.3 異性体と立体化学

問 1-11 2,3-ジブロモブタンのすべての立体異性体をFischer投影式で示し、キラル炭素の絶対配置を R/S 表示で示しなさい。また、それぞれを2-ブテンと臭素の反応から合成しなさい。 B

問 1-12 次に示した化合物 **A 〜 I** で、エナンチオマー（鏡像異性体）が存在する化合物を示しなさい。 B

A: $CH_3-N(CH_2CH_3)(CH_2CH_2CH_3)$

B: $O=S(CH_2CH_3)(CH_3)$

C: 2-CH₃, 2'-NO₂ ビフェニル誘導体

D: 2,6-ジニトロ-2'-メチルビフェニル誘導体

E: [2.2]パラシクロファン誘導体（CO_2CH_3置換）

F: $ClHC=C=CHCl$

G: $ClHC=C=C=CHCl$

H: $ClHC=C=C=C=CHCl$

I: ジブロモ置換ベンゼンの環状エーテル（$(CH_2)_6$架橋）

問 1-13 ビナフトールは不斉炭素をもたないのに、鏡像異性体が存在する。この理由を述べなさい。 B

ビナフトール：1,1'-ビ-2-ナフトール構造

問 1-14 N-エチル-N-メチルトルイジンは光学分割できないが、Trögerの塩基は光学分割が可能である。この理由を述べなさい。 B

Trögerの塩基

問 1-15 2-クロロテトラヒドロピランは以下に示したイス形配座の平衡にある。この平衡はどちらに偏っているかを示し、その理由を述べなさい。C

2-クロロテトラヒドロピラン

問 1-16 アセトン、アセチルアセトン（1,3-ペンタンジオン）、アセト酢酸エチル、および1,2-シクロペンタンジオンを、エノール体の割合が多い順に不等号で並べなさい。B

問 1-17 アセト酢酸は加熱すると容易に脱炭酸してアセトンを生じる。しかし、化合物 A を同様に加熱しても円滑に脱炭酸しない。この理由を述べなさい。B

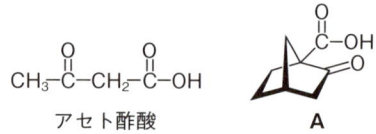

1.4 酸性と塩基性

問 1-18 次に示した3つのカルボン酸を酸性の強い順に不等号で示し、その理由を述べなさい。A

$H_2C=CH-COOH$ CH_3CH_2-COOH $HC\equiv C-COOH$

問 1-19 次に示した4つのカルボン酸を酸性が強い順に不等号で示し、その理由を述べなさい。A

$CH_3CH_2CH_2-COOH$ $CH_3CH_2CHCl-COOH$ $CH_3CHClCH_2-COOH$ $CH_2ClCH_2CH_2-COOH$

1.4 酸性と塩基性

問 1-20　安息香酸とシクロヘキサンカルボン酸ではどちらの酸性が強いかを不等号で示し、その理由を述べなさい。A

問 1-21　酢酸、クロロ酢酸、ジクロロ酢酸、およびトリクロロ酢酸を酸性が強い順に不等号で示し、その理由を述べなさい。A

問 1-22　ヨード酢酸、クロロ酢酸、およびフルオロ酢酸を酸性が強い順に不等号で示し、その理由を述べなさい。A

問 1-23　1,3-シクロペンタジエンと1,3,5-シクロヘプタトリエンでは、どちらの酸性が強いかを不等号で示し、その理由を述べなさい。A

問 1-24　酢酸とメトキシ酢酸では、メトキシ酢酸の方が酸性は強い。一方、安息香酸とp-メトキシ安息香酸では安息香酸の方が酸性は強い。この理由を述べなさい。A

問 1-25　グアニジンとトリメチルアミンで、どちらの塩基性が強いかを不等号で示し、その理由を述べなさい。A

トリメチルアミン　　　グアニジン

問 1-26　N,N-ジメチルアニリン、N-メチルピロール、1-アザビシクロ[2.2.2]オクタン、および4-(N,N-ジメチルアミノ)ピリジン（DMAP）を塩基性の強い順に不等号で示し、その理由を述べなさい。B

N,N-ジメチルアニリン　　N-メチルピロール　　1-アザビシクロ[2.2.2]オクタン　　4-(N,N-ジメチルアミノ)ピリジン

問 1-27　DBU(1,8-diazabicyclo[5.4.0]-7-undecene)とN-メチルモルホリンでは、どちらの塩基性が強いかを不等号で示し、その理由も述べなさい。 B

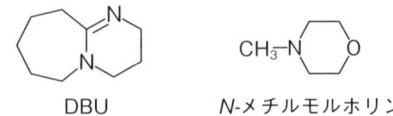

問 1-28　ピリジンはピペリジンより弱い塩基である。しかし、ピリジンはピロールより塩基性が強い。この理由を述べなさい。 B

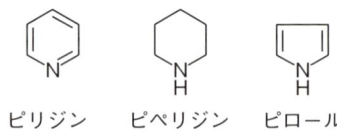

問 1-29　ピリジンもピロールも含窒素芳香族化合物である。しかし、ピリジンは水に溶けるが、ピロールは水に溶けない。この理由を述べなさい。 B

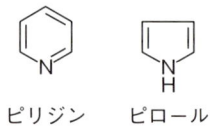

問 1-30　異性体であるo-トルイジンとベンジルアミンは、どちらの塩基性が強いかを不等号で示し、その理由を述べなさい。 B

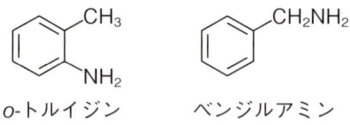

問 1-31　p-ヒドロキシ安息香酸、o-ヒドロキシ安息香酸（サリチル酸）、および2,6-ジヒドロキシ安息香酸を酸性が強い順に不等号で示し、その理由を述べなさい。 B

1.4 酸性と塩基性

問 1-32 1,3-シクロヘキサンジオンとビシクロ[2.2.1]ヘプタン-2,6-ジオンはいずれも 1,3-ジケトンである。どちらがより酸性が強いかを不等号で示し、その理由を述べなさい。 B

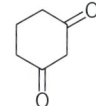 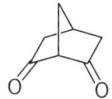

　　1,3-シクロヘキサンジオン　　　ビシクロ[2.2.1]ヘプタン-2,6-ジオン

問 1-33 フェノールよりチオフェノール（C_6H_5SH）の方が酸性は強く、エタノールよりエタンチオール（C_2H_5SH）の方が酸性は強い。この理由を述べなさい。 C

問 1-34 t-ブチル過酸化水素［$(CH_3)_3C-OOH$, $pK_a = 12.8$］は、t-ブチルアルコール［$(CH_3)_3C-OH$, $pK_a = 19$］に比べ、酸性が強い。この理由を述べなさい。 B

問 1-35 スクアリン酸（squaric acid）は安定な無色の固体で、$pK_{a1} = 0.5$ および $pK_{a2} = 3.5$ と酸性が強い。この理由を述べなさい。 C

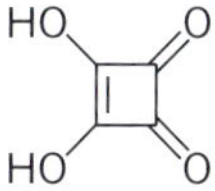

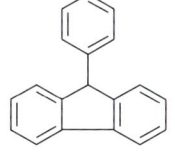

スクアリン酸

問 1-36 炭化水素であるトルエン、ジフェニルメタン、トリフェニルメタン、および 9-フェニルフルオレンを酸性が強い順に不等号で示し、その理由を述べなさい。 B

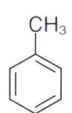

　トルエン 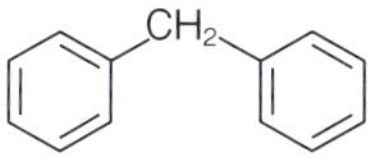　　　ジフェニルメタン 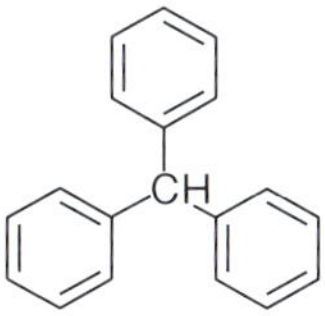　　トリフェニルメタン　　9-フェニルフルオレン

1.5 芳香族性

問 1-37 次に示した化合物の中から芳香族化合物を挙げなさい。[A]

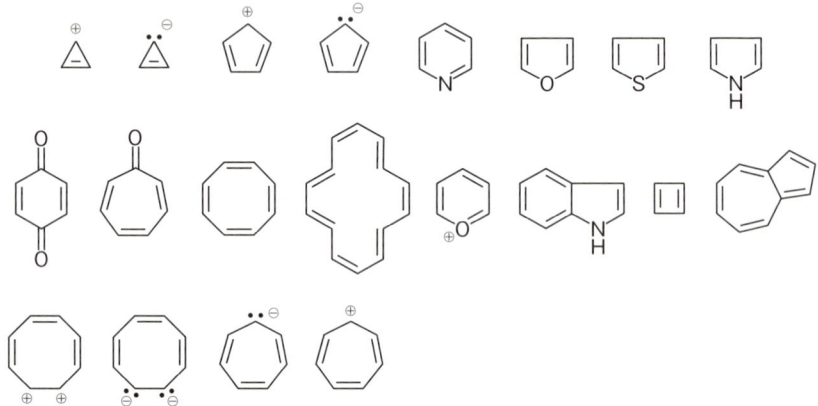

問 1-38 ベンゼンは代表的芳香族化合物で、その ^{1}H-NMR（核磁気共鳴）スペクトルは $\delta = 7.3$ ppm（$[(CH_3)_4Si]$：内部標準）に 1 本の吸収が現れる。一方、非ベンゼン系芳香族化合物である [18]アヌレンは $\delta = 8.9$ ppm の吸収に加えて、$\delta = -1.8$ ppm という高磁場に吸収が現れる。この理由を述べなさい。[B]

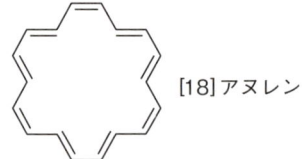

[18]アヌレン

問 1-39 芳香族化合物の反応には芳香族求電子置換反応（S_EAr）と芳香族求核置換反応（S_NAr）がある。具体的反応例を示して、それぞれの反応を簡潔に説明しなさい。[A]

1.6 極性

問 1-40 アクロレイン（$CH_2=CHCH=O$）の双極子モーメント（$\mu = 3.11$ D）は、プロピオンアルデヒド（$CH_3CH_2CH=O$）の双極子モーメント（$\mu = 2.46$ D）より大きい。この理由を述べなさい。 B

問 1-41 アニリンの双極子モーメント（$\mu = 1.5$ D）に比べて、p-ニトロアニリンの双極子モーメント（$\mu = 6.1$ D）は非常に大きい。この理由を述べなさい。 B

問 1-42 有機溶媒として頻繁に用いるテトラヒドロフランの双極子モーメント（$\mu = 1.7$ D）に比べ、フランの双極子モーメント（$\mu = 0.7$ D）は小さい。この理由を述べなさい。 B

第 1 章 解 答

問 1-1

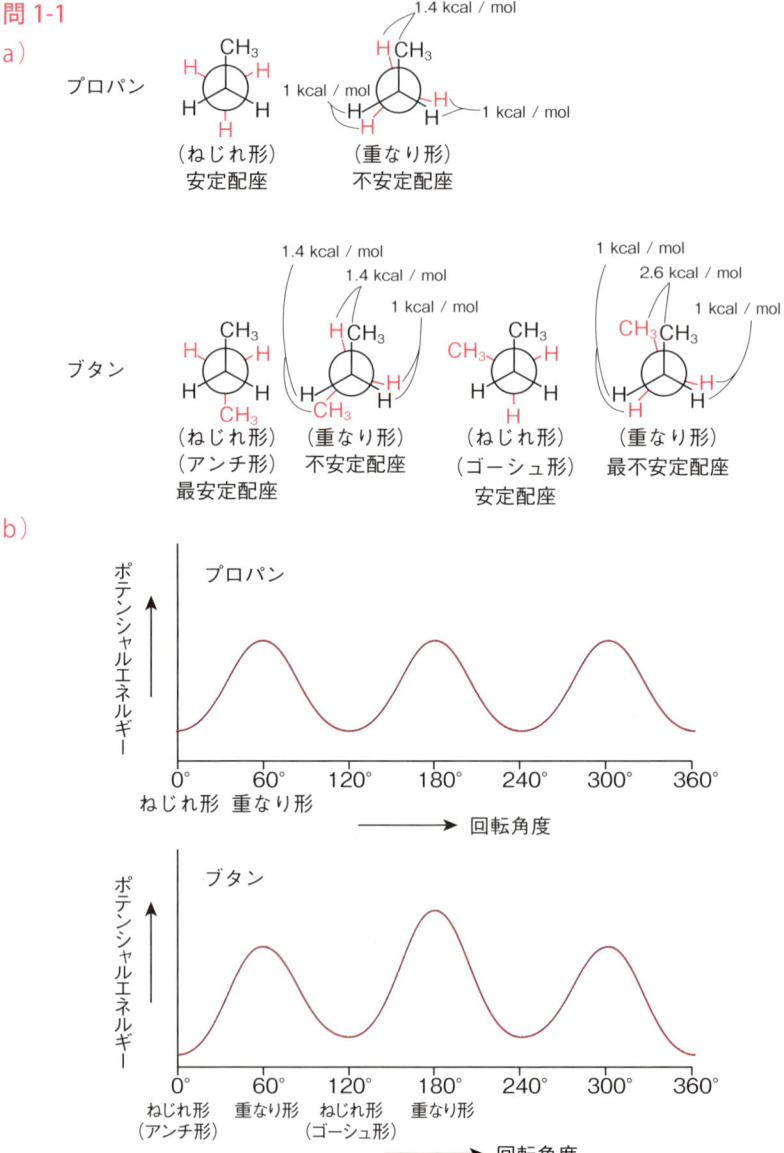

問 1-2

立体障害である 1,3-ジアキシアル相互作用を少なくするために、**A** および **B** は大きな *t*-ブチル基がエクアトリアル位をとる。**C** および **D** のイソプロピル基もほとんどがエクアトリアル位をとる。**E** は D-グルコースのすべての置換基がエクアトリアル位をもつ β-D-グルコピラノースがより安定である。

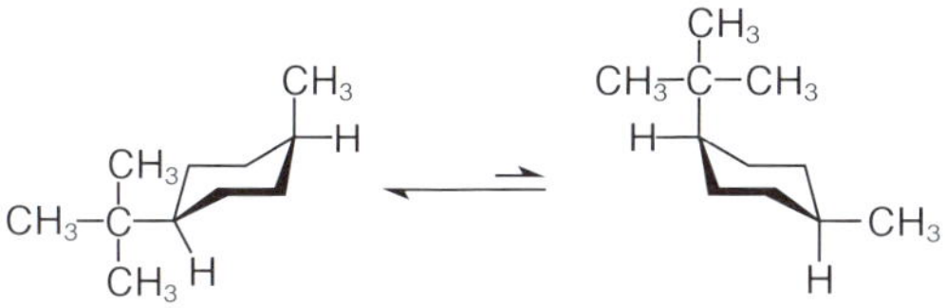

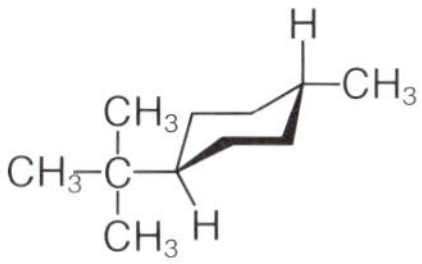

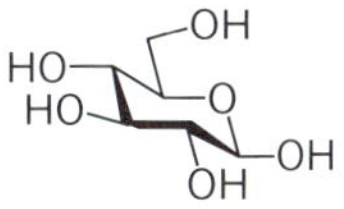

問 1-3

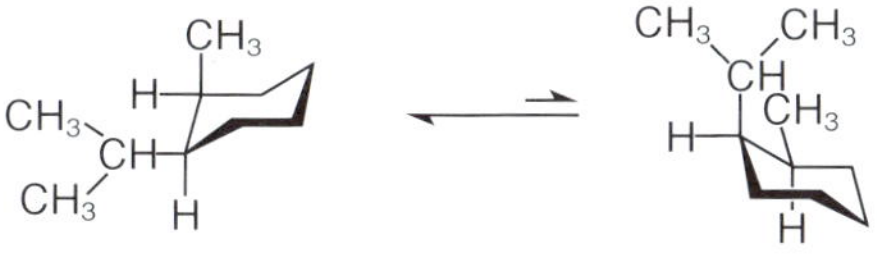

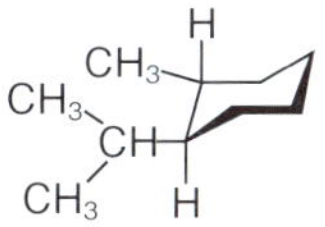

立体障害である 1,3-ジアキシアル相互作用を少なくするために、以下の平衡式に示した割合で存在する。

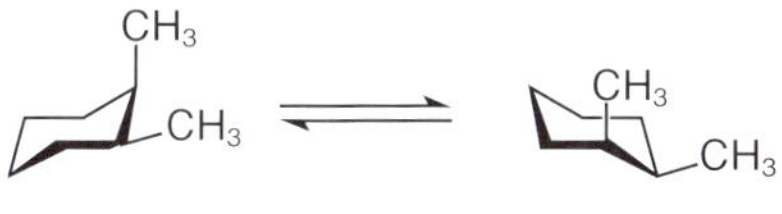

50：50
cis-1,2-ジメチルシクロヘキサン

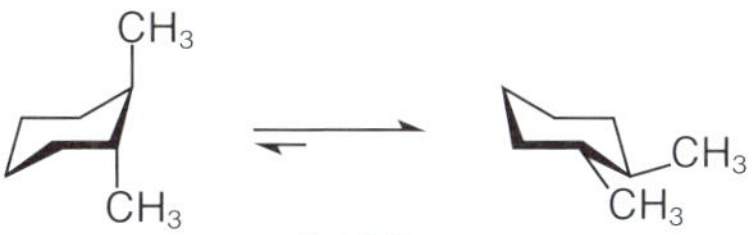

1：99
trans-1,2-ジメチルシクロヘキサン

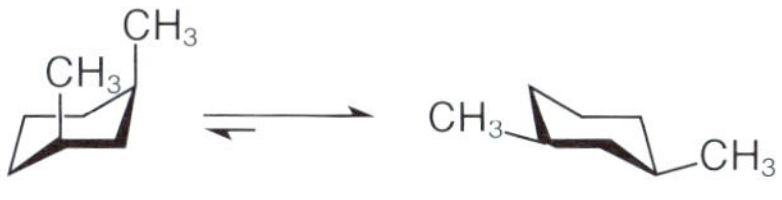

1：99
cis-1,3-ジメチルシクロヘキサン

50：50
trans-1,3-ジメチルシクロヘキサン

問 1-4

CH₃CH₂CH₂CH₂OH（117 ℃）＞ CH₃CH₂CH₂CH₂NH₂（78 ℃）＞ CH₃CH₂OCH₂CH₃（35 ℃）
アルコールやアミンは分子間水素結合を形成するため、水素結合を形成できないエーテルより沸点が高い。O–H 基と N–H 基では、O–H 基の方が分極率も大きく強い水素結合を形成するため、より沸点が高い。

問 1-5

CH₃CH₂CH(CH₃)CH₂NH₂（97 ℃）＞ CH₃CH₂CH(CH₃)NHCH₃（84 ℃）＞
CH₃CH₂N(CH₃)CH₂CH₃（75 ℃）

分子間水素結合を形成する割合は第一級アミンの方が第二級アミンより多く、第三級アミンは水素結合を形成できない。

問 1-6

trans-2-ブテン（− 2.7 kcal/mol）＞ *cis*-2-ブテン（− 1.7 kcal/mol）＞ 1-ブテン（基準）
内部アルケンである *trans*-2-ブテンや *cis*-2-ブテンは、外部アルケンである 1-ブテンより熱力学的に安定である。これは Zaitsev 則による。*cis*-2-ブテンは 2 つのメチル基が同じ側にあるため立体障害が生じ、*trans*-2-ブテンより不安定である。

問 1-7

cis-1,2-シクロペンタンジオールは分子内水素結合を形成するのに対し、*trans*-1,2-シクロペンタンジオールは分子間水素結合を形成し、分子間の相互作用が大きくなり、沸点が高い。

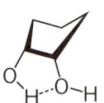 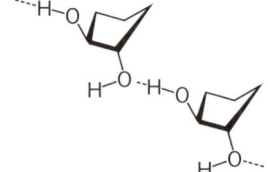

　　cis-1,2-シクロペンタンジオール　　　*trans*-1,2-シクロペンタンジオール

問 1-8

t-ブチル基は非常に大きな置換基なので、エクアトリアル位で存在する。化合物 **A** および **B** は以下のような平衡にあるが、100 % 近くが右側に偏って存在するため、化

合物 **A** が 6 員環状の分子内水素結合を形成して存在する。

A ⇌ **B**

問 1-9

A : *S*　　**B** : *R*　　**C** : 1*R*,2*R*　　**D** : 1*R*,2*S*　　**E** : 1*S*,2*S*

化合物 **A** と **B** は鏡像異性体の関係。
化合物 **C** と **D** はジアステレオマーの関係。
化合物 **C** と **E** は鏡像異性体の関係。
化合物 **D** と **E** はジアステレオマーの関係。
ジアステレオマーは互いに融点や、密度、溶解度などの物理的性質や化学的性質が異なる。一方、鏡像異性体は融点や、密度、溶解度などの物理的性質や化学的性質が同じで、比旋光度測定における $[\alpha]_D$ の符号のみが異なる。

問 1-10

D-トレオースは *S*,*R* の絶対配置を示す。また、その鏡像異性体は L-トレオースで *R*,*S* の絶対配置を示す。

D-トレオース　　L-トレオース

L-トレオースの Newman 投影式　　L-トレオースの Fischer 投影式

問 1-11

2,3-ジブロモブタンには3つの立体異性体が存在する。1組は鏡像異性体の関係にあり、他に光学不活性なメソ体がある。*cis*-2-ブテンに臭素を付加反応させると、鏡像関係にある2,3-ジブロモブタンを生じる。一方、*trans*-2-ブテンに臭素を付加反応させると2,3-ジブロモブタンのメソ体を生じる。アルケンへの臭素の付加反応は求電子2段階付加反応で、トランス付加体を生じる。

問 1-12

A：第三級アミンは室温で反転が生じるため、エナンチオマーは存在しない。
B：スルホキシドは室温で反転しないため、エナンチオマーが存在する。
C：2-**A**, 6-**B**, 2′-**A**, 6′-**B** の置換基をもつビフェニルはC-C単結合が自由回転できないため、エナンチオマーが存在する。分子が対称面をもたない回転軸不斉。
D：ビフェニルのC-C単結合は自由回転できないが、2-**A**, 6-**A**, 2′-**B**, 6′-**B** の置換基をもつビフェニルはエナンチオマーが存在しない。分子が対称面をもつ。
E：2つのベンゼン環は回転できないため、エナンチオマーが存在する。分子が対称面をもたない面不斉。
F：左右の置換基は直行しているため、エナンチオマーが存在する。分子が対称面をもたない回転軸不斉。
G：左右の置換基は平面であり、エナンチオマーは存在しないが、シス・トランス異性体は存在する。分子が対称面をもつ。
H：左右の置換基は直行しているため、エナンチオマーが存在する。分子が対称面を

もたない回転軸不斉。

I：臭素置換基によりベンゼン環が回転できないので、エナンチオマーが存在する。分子が対称面をもたない面不斉。

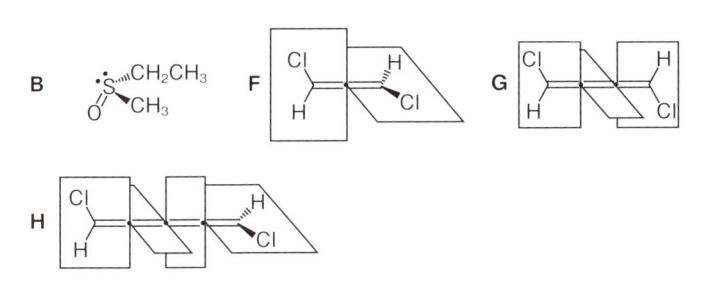

問 1-13

ビナフトール、つまり、2,2′-ジヒドロキシ-1,1′-ビナフチルは 8-位と 8′-位の水素原子間の立体障害により、2 つのナフチル基を結ぶ C–C 結合が自由に回転できないため、鏡像異性体が生じる。分子不斉の中でも C–C の回転軸不斉によるもので、ビフェニル置換体は軸性鏡像異性体が生じる。

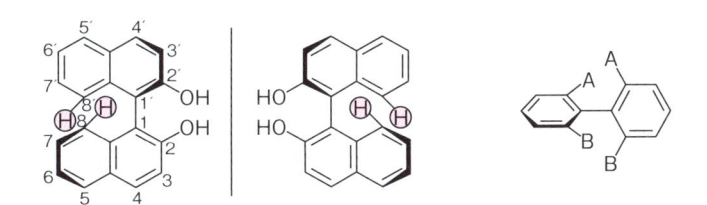

問 1-14

3 つの置換基が異なった第三級アミンでも、窒素原子上で速やかに反転が生じているため、光学分割はできない。しかし、かご形の構造をもつ Tröger の塩基は窒素原子上で反転ができないため、互いの鏡像異性体が存在し、光学分割できる。

問 1-15

クロロシクロヘキサンでは 1,3-ジアキシアル相互作用を少なくするため、塩素原子はエクアトリアル位で存在する。しかし、2-クロロテトラヒドロピランは D-グルコー

スなどと同様に、アノマー効果が生じる。これは2-クロロテトラヒドロピランのイス形配座における酸素のアキシアル孤立電子対（n）とアノマー位 C–Cl 結合の反結合性軌道（σ_{C-Cl}^*）との軌道間相互作用（$n-\sigma_{C-Cl}^*$）による安定化効果であり、塩素原子がアキシアル位の構造のときにこの相互作用が可能となるため、平衡は左側に偏っている。

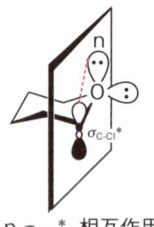

$n-\sigma_{C-Cl}^*$ 相互作用

問 1-16

1,2-シクロペンタンジオン ＞ アセチルアセトン ＞ アセト酢酸エチル ＞ アセトン

これらのエノール体割合は、それぞれ約 100 %、76 %、8 %、および 1.5×10^{-5} %である。1,2-シクロペンタンジオン、アセチルアセトン、およびアセト酢酸エチルのエノール体は環状の分子内水素結合を形成している。

1,2-シクロペンタンジオン 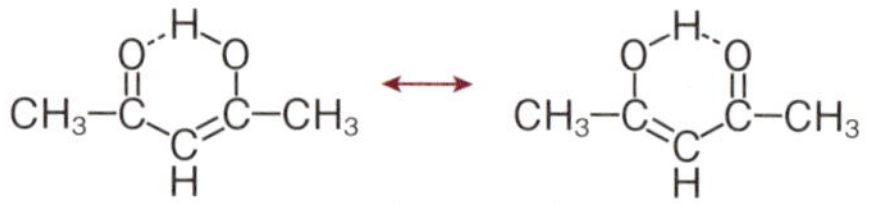　　　　　　　　アセチルアセトン

問 1-17

β-ケト酸の脱炭酸反応は6員環状の遷移状態を経て進行し、エノール体と二酸化炭素を生じる。生じたエノール体は速やかに安定なケト形に互変異性化する。しかし、化合物 **A** は脱炭酸反応により生じるエノール体が極度に不安定なため、脱炭酸反応が進行しない。（Bredt 則：中小員環の二環式化合物では橋頭位に二重結合を形成できない。）

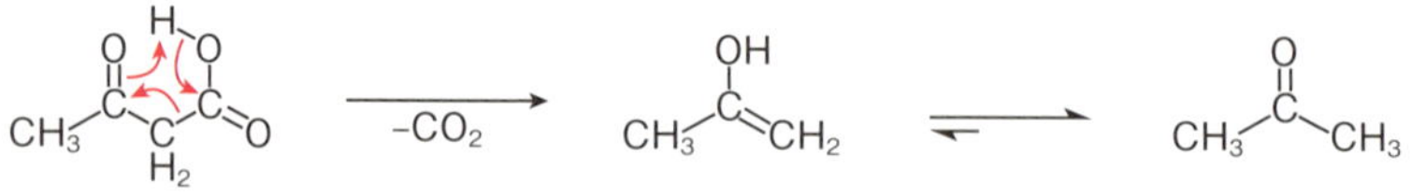

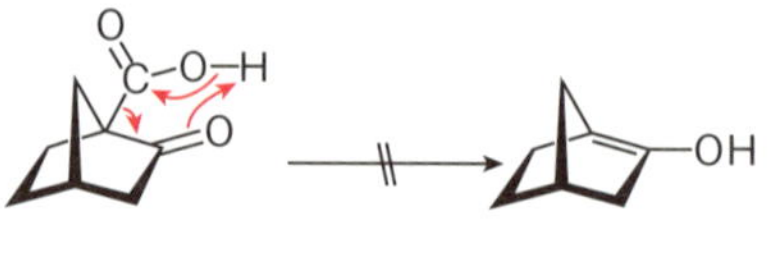

極めて不安定

問 1-18

混成において、s 性が大きいと電子求引性となることから、$sp^3 < sp^2 < sp$ の順で電子求引性が強くなる。

$$\underset{\substack{sp^3 \text{混成炭素} \\ \text{プロピオン酸} \\ pK_a = 4.9}}{CH_3CH_2-\underset{OH}{\overset{O}{\underset{\|}{C}}}} < \underset{\substack{sp^2 \text{混成炭素} \\ \text{アクリル酸} \\ pK_a = 4.3}}{CH_2=CH-\underset{OH}{\overset{O}{\underset{\|}{C}}}} < \underset{\substack{sp \text{混成炭素} \\ \text{プロパギル酸} \\ pK_a = 1.8}}{HC\equiv C-\underset{OH}{\overset{O}{\underset{\|}{C}}}}$$

問 1-19

塩素原子は電気陰性度が 3.0 と大きく、電子求引基による誘起効果が生じる。ただし、距離が長くなると、その効果は激減する。

$$\underset{\substack{\alpha\text{-クロロ酪酸} \\ pK_a = 2.8}}{CH_3CH_2\underset{Cl}{\overset{}{C}}H-COOH} > \underset{\substack{\beta\text{-クロロ酪酸} \\ pK_a = 4.1}}{CH_3\underset{Cl}{\overset{}{C}}HCH_2-COOH} > \underset{\substack{\gamma\text{-クロロ酪酸} \\ pK_a = 4.5}}{\underset{Cl}{\overset{}{C}}H_2CH_2CH_2-COOH} > \underset{\substack{\text{酪酸} \\ pK_a = 4.8}}{CH_3CH_2CH_2-COOH}$$

問 1-20

カルボキシ基が sp^2 混成炭素に結合した安息香酸の方が、sp^3 混成炭素に結合したシクロヘキサンカルボン酸より酸性である。

シクロヘキサンカルボン酸 ($pK_a = 4.9$, sp^3 混成炭素) < 安息香酸 ($pK_a = 4.2$, sp^2 混成炭素)

問 1-21

塩素原子は電気陰性度が 3.0 と大きく、電子求引基であることから、酢酸のカルボキシ基 α-位に塩素原子が多く置換されるにつれ、酸性が強くなる。

$$\text{CH}_3\text{COOH} < \text{ClCH}_2\text{COOH} < \text{Cl}_2\text{CHCOOH} < \text{CCl}_3\text{COOH}$$

酢酸　　　　　クロロ酢酸　　　　ジクロロ酢酸　　　トリクロロ酢酸
pK_a = 4.8　　pK_a = 2.9　　pK_a = 1.4　　pK_a = 0.5

問 1-22

フッ素原子、塩素原子、およびヨウ素原子の電気陰性度は 4.0、3.0、2.5 と減少するので、この順に電子求引効果は減少し、酸性は弱くなる。

$$\text{ICH}_2\text{COOH} < \text{ClCH}_2\text{COOH} < \text{FCH}_2\text{COOH}$$

ヨード酢酸　　　　クロロ酢酸　　　　フルオロ酢酸
pK_a = 3.2　　　pK_a = 2.9　　　pK_a = 2.6

問 1-23

1,3-シクロペンタジエンの方が酸性が強い。これは、プロトンを放出して生じたアニオンが 6π 電子となり、Hückel 則 [(4n + 2)π 電子則] を満たして芳香族性をもち安定化するためである。一方、1,3,5-シクロヘプタトリエンがプロトンを放出して生じたアニオンは 8π 電子となり、Hückel 則を満たさない。

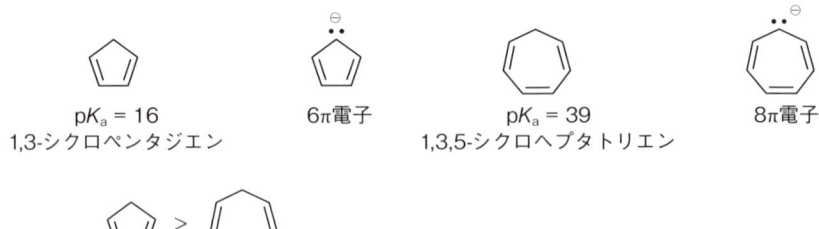

pK_a = 16　　　　6π 電子　　　　pK_a = 39　　　　8π 電子
1,3-シクロペンタジエン　　　　　　1,3,5-シクロヘプタトリエン

シクロペンタジエン > シクロヘプタトリエン

問 1-24

酸素原子の電気陰性度は 3.5 と大きく、メトキシ基が σ-結合を通じて電子求引基（誘起効果）として作用するため、酢酸よりメトキシ酢酸の方が酸性は強い。一方、p-メトキシ安息香酸はベンゼン環に結合した酸素のため、酸素原子の孤立電子対とベンゼン環は共役系となる。この結果、メトキシ基が σ-結合を通じて少し電子を求引するものの、共鳴効果を通じて酸素原子の孤立電子対がベンゼン環に非局在化するため、ベンゼン環上の電子密度が高くなり、p-メトキシ安息香酸の酸性は弱くなる。

CH_3CO_2H < $CH_3OCH_2CO_2H$ Ph$-CO_2H$ > CH_3O-C$_6$H$_4-CO_2H$

pK_a = 4.8 pK_a = 3.5 pK_a = 4.2 pK_a = 4.5

問 1-25

グアニジンはプロトン化されると、等価な 3 つの極限構造式からなる共鳴混成体となり、大きく安定化される。一方、トリメチルアミンはプロトン化されても、共鳴安定化効果はない。よって、グアニジンの方が著しく塩基性が強い。

HN=C(NH$_2$)$_2$ > $(CH_3)_3N$ $H_2N-C(NH_2)=\overset{+}{N}H_2$ $HN^{+}(CH_3)_3$

pK_b = 0.4 pK_b = 4.2 pK_a = 13.6 pK_a = 9.8

$(CH_3)_3\overset{+}{N}H$ [$H_2N-\overset{+}{C}(NH_2)=NH_2$ ↔ $H_2N-C(=\overset{+}{N}H_2)-NH_2$ ↔ $H_2\overset{+}{N}=C(NH_2)-NH_2$]

問 1-26

1-アザビシクロ［2.2.2］オクタンは第三級アミンで塩基性は強い。N,N-ジメチルアニリンの窒素原子上の孤立電子対は共鳴効果によりベンゼン環に非局在化し、塩基性は弱い。4-(N,N-ジメチルアミノ)ピリジンのピリジン環の窒素原子は sp^2 混成であるが、p-位の N,N-ジメチルアミノ基（電子供与基）による共鳴効果により、ピリジンより塩基性が強い。N-メチルピロールの窒素原子の孤立電子対は芳香族性（Hückel 則）に基づいてピロール環全体に非局在化しているため、塩基性は示さない。下記の pK_a 値は対応する共役酸の pK_a。

pKa = 11.2　　　pKa = 9.7　　　pKa = 5.0　　　中性

問 1-27

DBU はより塩基性が強い。これは、共鳴効果により、8 位の窒素原子の電子密度が高いためである。

DBU
pK_b = 2.1

N-メチルモルホリン
pK_b = 6.5

問 1-28

ピペリジンは第二級アミンで塩基性は強い。ピリジンの窒素原子は sp^2 混成のため、塩基性は幾分弱い。ピロールの窒素原子の孤立電子対は芳香族性（Hückel 則）に関与しているため、ピロール環上に非局在化しており、塩基性を示さない。

ピペリジン
pK_b = 3.2
pK_a = 10.8

ピリジン
pK_b = 8.8
pK_a = 5.2

ピロール
中性

問 1-29

ピリジンにおける窒素原子の孤立電子対は芳香族性に関与せず、窒素原子上に局在化しているため、水の水素原子と水素結合を形成したり、プロトンとして引抜いて、OH$^-$ を生成して塩基性を示す。このことから、ピリジンは水に溶ける。一方、ピロール窒素原子の孤立電子対は芳香族性（Hückel 則）に関わっているため、ピロール環上に非局在化しており、塩基性を示さない。つまり、ピロールの窒素原子は水の水素原子と相互作用しないため、水に溶けない。

問 1-30

o-トルイジンの窒素原子はベンゼン環と共役しており、窒素原子の孤立電子対はベンゼン環上に非局在化しているため、塩基性は弱い。一方、ベンジルアミンの窒素原子はベンゼン環と共役していないため、孤立電子対は窒素原子に局在化しており、第一級アミンに近い塩基性を示す。

問 1-31

2,6-ジヒドロキシ安息香酸がプロトンを放出すると、生じたカルボキシアニオンは2,6-位の2つの水酸基（ヒドロキシ基）と2つの6員環状の分子内水素結合を形成し、非常に安定化するので酸性が強い。サリチル酸はプロトンを放出すると、生じたカルボキシアニオンはo-位の水酸基と6員環状の分子内水素結合を形成し、比較的安定化される。一方、p-ヒドロキシ安息香酸がプロトンを放出すると、生じたカルボキシアニオンは水素結合による安定化が受けられないため、プロトンを放出しにくい。

2,6-ジヒドロキシ安息香酸　　サリチル酸　　p-ヒドロキシ安息香酸
pK_a = 1.3　　　pK_a = 3.0　　pK_a = 4.6

問 1-32

1,3-シクロヘキサンジオンがプロトンを放出して生じたアニオンは平面構造をとり、共鳴効果により安定化できる。しかし、かご形のビシクロ［2.2.1］ヘプタン-2,6-ジオンから生じたアニオンは平面構造をとることはできず（Bredt 則）、共鳴効果による安定化は得られない。アセトンは pK_a = 20 であり、ビシクロ［2.2.1］ヘプタン-2,6-ジオンはアセトンと同程度しかない。

問 1-33

硫黄原子の電気陰性度は 2.5 で酸素原子の 3.5 より小さい。しかし、硫黄原子は原子半径が大きいため、プロトンを放出して生じたアニオンは、その負電荷を大きい原子全体に非局在化させて安定化できる。つまり、硫黄原子は酸素原子より原子半径が大きく分極率も大きいため、アニオンがより安定となり、より酸性となる。

問 1-34

$(CH_3)_3C-OOH$ は、電気陰性度が 3.5 と大きい酸素原子を隣接して 2 つ有するため、生じた $(CH_3)_3C-OO^-$ が $(CH_3)_3C-O^-$ に比べて、より安定化される。

問 1-35

スクアリン酸（squaric acid）は、2π 系の Hückel 則を満たす化合物で、4 員環は芳香

族性を有する。さらに、生じたアニオンおよびジアニオンは以下に示したような共鳴効果により大きく安定化されるため、酸性が強くなる。

pK_{a1} の共鳴構造

pK_{a2} の共鳴構造

問 1-36

生じたベンジル位のカルボアニオンの共鳴効果による安定性をみる。ベンゼン環を3つもつトリフェニルメタンと9-フェニルフルオレンがより多くの共鳴式がかけるため、より酸性となる。ここで、共鳴効果を充分に発揮するには平面構造をとる必要がある。トリフェニルメチルアニオンは平面構造に近いが、それぞれの o-位水素原子同士の立体障害が生じるため、完全な平面構造にはなれない。実際は平面に近いプロペラ形である。一方、9-フェニルフルオレニルアニオンのフルオレン部分は完全に平面構造であり、1つのベンゼン環がわずかに平面からねじれているだけである。このことから、トリフェニルメタンより9-フェニルフルオレンの方が酸性となる。

9-フェニルフルオレン $pK_a = 18.5$ > トリフェニルメタン $pK_a = 31.5$ > ジフェニルメタン $pK_a = 34$ > トルエン $pK_a = 41$

問 1-37
芳香族化合物は $(4n + 2)\pi$ 電子（$n = 0, 1, 2, \cdots$）をもち、環状に共役した平面状化合物（Hückel 則）である。

シクロプロペニウムイオン　1,3-シクロペンタジエニルアニオン　ピリジン　フラン　チオフェン　ピロール　トロポン

[14]アヌレン　シクロオクタトリエンジアニオン　ピリリウムイオン　インドール　アズレン

トロピリウムイオン　シクロオクタトリエンジカチオン

問 1-38
芳香族化合物は共役した π 電子が環状の共役系全体に非局在化している。このような分子に外部磁場をかけると、すべての π 電子は環の一定方向に回るため、外部磁場に逆らった方向で内部磁場を発生する。
環の外側の水素原子は 8.9 ppm という低磁場で共鳴するが、環の内側の水素を共鳴させるには発生した内部磁場の分を加えることになり、－1.8 ppm という高磁場に吸収が現れる。つまり、[18]アヌレンには内部水素と外部水素の2種類の水素がある。

問 1-39

芳香族化合物の反応には芳香族求電子置換反応（S_EAr）と芳香族求核置換反応（S_NAr）があり、ともに付加－脱離の二段階反応である。

ベンゼンの $FeCl_3/Cl_2$ による塩素化、HNO_3/H_2SO_4 によるニトロ化、および Friedel-Crafts アルキル化およびアシル化反応は、代表的 S_EAr 反応である。一方、p-クロロニトロベンゼンと EtONa による p-ニトロフェニル エチル エーテルの生成は代表的 S_NAr 反応である。S_NAr 反応が生じるためには、ニトロ基などで芳香環上の電子密度を下げておく必要がある。

$$S_EAr: \text{ベンゼン} + E^{\oplus} \xrightarrow{\text{付加}} \text{シクロヘキサジエニルカチオン}(H, E) \xrightarrow{\text{脱離}} \text{ベンゼン}-E + H^{\oplus}$$

$$E^{\oplus} = Br^{\oplus}, Cl^{\oplus}, NO_2^{\oplus}, \cdots$$

$$S_NAr: O_2N-\text{C}_6H_4-Cl + EtO^{\ominus} \xrightarrow{\text{付加}} \text{中間体} \xrightarrow{\text{脱離}} O_2N-\text{C}_6H_4-OEt + Cl^{\ominus}$$

問 1-40

プロピオンアルデヒドの双極子モーメントは一般のアルデヒドと同程度であるが、アクロレインは以下のような共鳴効果があるため、双極子モーメントが大きい（双極子モーメント μ = 電荷 × 距離 で表され、$1\,D = 10^{-18}\,esu \cdot cm$）。

$$[CH_3CH_2CH=O \longleftrightarrow CH_3CH_2\overset{\oplus}{C}H-O^{\ominus}]$$

$$[CH_2=CH-CH=O \longleftrightarrow CH_2=CH-\overset{\oplus}{C}H-O^{\ominus} \longleftrightarrow \overset{\ominus}{C}H_2-CH=CH-O^{\ominus}]$$

問 1-41

アニリンは共鳴効果により窒素原子上の孤立電子対はベンゼン環に一部非局在化している。この共鳴効果は、アニリンの p-位にニトロ基のような強い電子求引基が置換されると、より大きくなり、分子の分極の度合いが増加する。

寄与が大きい

問 1-42

酸素原子の電気陰性度は 3.5 と大きく、アルキル基の誘起効果（＋I 効果）で、テトラヒドロフランは酸素原子が部分的に陰性を帯びていて、比較的大きな双極子モーメントをもつ。一方、フランの酸素原子の 1 つの孤立電子対は、以下に示したような共鳴効果により、フラン環上に非局在化している。つまり、酸素原子の部分的陰性は小さくなっており、双極子モーメントは小さい。

第2章 基本有機反応化学

> **目標**
> 第2章では、基本的な素反応である脂肪族化合物における求核置換反応および脱離反応とその立体化学、不飽和化合物への求電子付加反応および求核付加反応とその立体化学、芳香族化合物の求電子置換反応および求核置換反応などについて演習を通して学ぶ。

例題

アニソール、安息香酸メチル、ベンゼン、クロロベンゼン、およびトルエンを、それぞれ Fe と Br_2 で臭素化した場合について、次の問いに答えなさい。 A
 a) 反応性の高い順に不等号で示しなさい。
 b) それぞれの反応の主生成物を示しなさい。

解答例

a) 反応は Br^+ による芳香環への2段階反応による求電子置換反応で進行する。このため芳香環の電子密度が高いほど反応しやすいので、次に示した反応性となる。

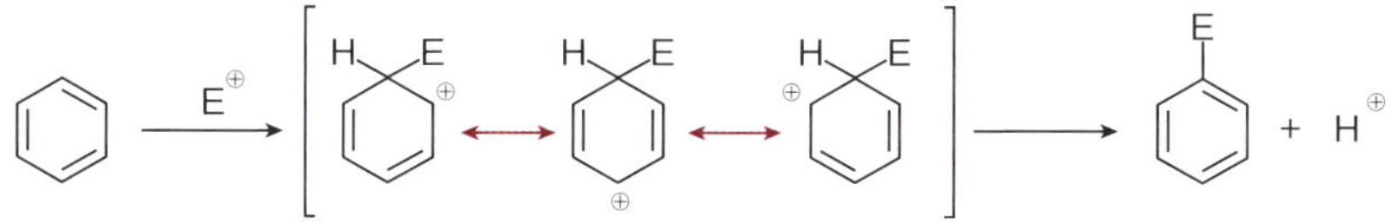

芳香族求電子置換反応　　　中間体

反応性

OCH_3 > CH_3 > (ベンゼン) > Cl > CO_2CH_3

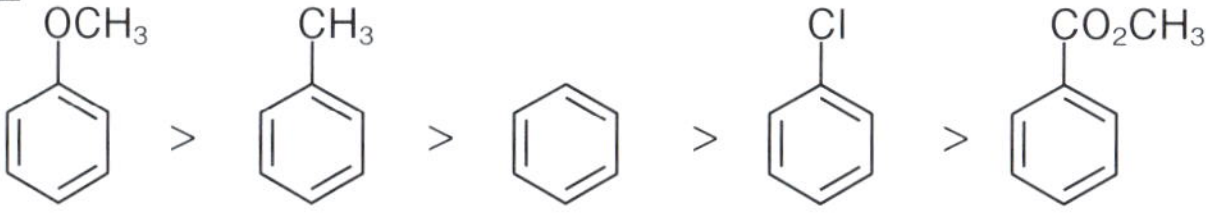

この理由は、以下に示したようにアニソールはメトキシ基の共鳴効果（＋R効果）により、芳香環上の電子密度が高く、安息香酸メチルはエステル基の共鳴効果（－R効果）により、芳香環上の電子密度が低いためである。

b）アニソールとトルエンの反応はベンゼンより速く、o-およびp-配向である。クロロベンゼンの反応はベンゼンより遅いが、o-およびp-配向である。

より不安定

安息香酸メチルの反応性はベンゼンより非常に遅く、m-配向である。特にクロロベンゼンはo-およびp-位で求電子付加した中間体が塩素原子の孤立電子対により共鳴安定化を受けるために生成しやすく、o-およびp-配向の臭化物を生じる。

2.1 求核置換反応

問 2-1 次に示したa)〜d)のそれぞれの化合物群をS_N1反応の速い順に不等号で示しなさい。 A

a) $(CH_3)_3C-Br$　　$(CH_3)_2CH-Br$　　$CH_3CH_2CH_2-Br$

b) $(CH_3)_2CH-CH_2-Br$　　$(CH_3)_2C=CH-CH_2-Br$　　$(CH_3)_2CH-CH=CH-Br$

c) $(CH_3)_2CH-Br$　　$(CH_3)_2CH-Cl$　　$(CH_3)_2CH-I$

d) $CH_3O-C_6H_4-CH_2Br$　　$C_6H_5-CH_2Br$　　$Cl-C_6H_4-CH_2Br$

問 2-2　次に示した a)～d) のそれぞれの化合物群を S_N2 反応の速い順に不等号で示しなさい。A

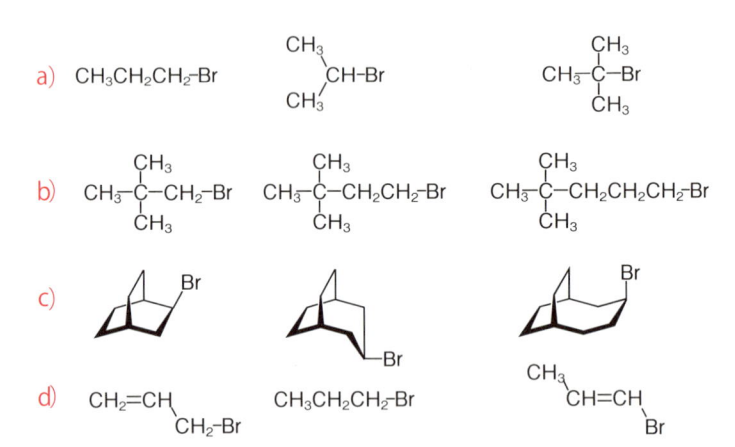

a) $CH_3CH_2CH_2$-Br　　$(CH_3)_2CH$-Br　　$(CH_3)_3C$-Br

b) CH_3-C(CH_3)(CH_3)-CH_2-Br　　$(CH_3)_2CH$-CH_2-Br　　$(CH_3)_2CH$-CH_2CH_2-Br

c) （ビシクロ構造に Br が結合した 3 種類の化合物）

d) $CH_2=CH$-CH_2-Br　　$CH_3CH_2CH_2$-Br　　CH_3-$CH=CH$-Br

問 2-3　飽和炭素原子上での代表的求核置換反応である S_N2 反応と S_N1 反応について、次の問いに答えなさい。A

a) S_N2 反応および S_N1 反応のそれぞれについて、自由エネルギーを縦軸に、反応の推移を横軸にした反応座標を示しなさい。なお、それぞれに原系、遷移状態、中間体、活性化エネルギー、および生成系を明示すること。

b) S_N2 反応および S_N1 反応のそれぞれについて、反応速度（v）を基質の濃度と求核剤の濃度式で表しなさい。また、S_N2 反応を促進させる溶媒、および S_N1 反応を促進させる溶媒を、例を挙げて示しなさい。

問 2-4　次に示した a) および b) の各求核置換反応の主生成物を立体が分かるように図示しなさい。A

a) （H, Br, CH_3, CH_2CH_3 を持つ不斉炭素）$\xrightarrow[\text{エタノール}]{C_2H_5ONa}$

b) （H, Br, CH_3, CH_2CH_3 を持つ不斉炭素）$\xrightarrow{\text{酢酸}}$

問 2-5 臭化メチル、臭化エチル、臭化イソプロピル、および臭化-t-ブチルを水溶媒で反応させたところ、以下のような反応速度比が得られた。この結果から、どのような反応機構で置換反応が進行したかを述べなさい。B

水中（反応温度 100℃）

CH_3-Br	CH_3CH_2-Br	$(CH_3)_2CH$-Br	$(CH_3)_3C$-Br
1（基準）	1.0	11.6	1.2×10^6

問 2-6 麻酔薬である t-ブチル エチル エーテルを、臭化-t-ブチルの C_2H_5ONa による求核置換反応を用いて合成を試みたところ、目的物が効率的に得られなかった。B

a）どのような主反応が生じたかを化学反応式で示しなさい。
b）t-ブチル エチル エーテルを求核置換反応で効率的に得るためには、どのような反応を行えばよいかを、化学反応式で示しなさい。

2.2 求核置換反応と溶媒効果

問 2-7 臭化-t-ブチル、1-ブロモビシクロ[2.2.2]オクタン、および 1-ブロモビシクロ[2.2.1]ヘプタンはいずれも第三級の臭化アルキルである。しかし、これらを 80％エタノール・20％水の混合溶媒で加溶媒分解反応を行うと、$1:10^{-6}:10^{-14}$ の相対反応速度比となった。この理由を述べなさい。B

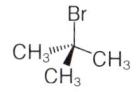

臭化-t-ブチル　　1-ブロモビシクロ[2.2.2]オクタン　　1-ブロモビシクロ[2.2.1]ヘプタン

問 2-8 ヨウ化メチルとアジ化ナトリウムの反応をメタノール、N,N-ジメチルホルムアミド、およびジメチルスルホキシドのそれぞれの溶媒中、同一条件下で反応させると、$1:4.4\times 10^4:1\times 10^9$ の相対反応速度比となった。この理由を述べなさい。 C

問 2-9 臭化エチル、臭化プロピル、および臭化ネオペンチルはいずれも第一級の臭化アルキルである。これらをアセトン溶媒でそれぞれをヨウ化カリウムと求核置換反応（ハロゲン交換反応）させると、$1:0.82:0.000012$ の相対反応速度比となり、臭化ネオペンチルでは劇的に遅くなった。この理由を述べなさい。 C

問 2-10 臭化イソプロピル、臭化シクロペンチル、臭化シクロブチル、および臭化シクロプロピルの S_N2 反応の相対反応速度比は $1:1.6:0.008:0.0001$ となり、臭化シクロブタンと臭化シクロプロピルでは劇的に反応が遅くなった。この理由を述べなさい。 C

2.3 求核置換反応と隣接基関与

問 2-11 *anti*-2,3-ジメチル-2-ノルボルネン-7-*p*-ニトロベンゾエートと *anti*-2-ノルボルネン-7-*p*-ニトロベンゾエートを酢酸溶媒でそれぞれを同一条件下で加溶媒分解反応させると、その相対反応速度比は 177：1 であった。この理由を述べなさい。 C

anti-2,3-ジメチル-2-ノルボルネン-7-*p*-ニトロベンゾエート

anti-2-ノルボルネン-7-*p*-ニトロベンゾエート

2.3 求核置換反応と隣接基関与

問 2-12 *anti*-2-ノルボルネン-7-トシラートとノルボルナン-7-トシラートを酢酸溶媒でそれぞれを同一条件下で加溶媒分解反応させると、その相対反応速度比は $10^{11} : 1$ であった。この理由を述べなさい。 C

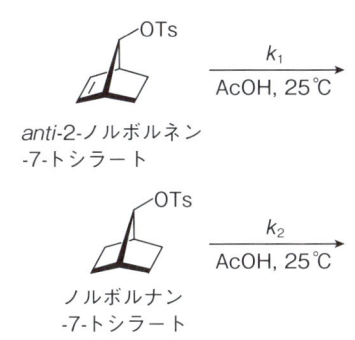

問 2-13 (*R*)-α-ブロモプロピオン酸を KOH 水溶液で加水分解すると、(*R*)-α-ヒドロキシプロピオン酸を生じた。この反応機構を示しなさい。 B

問 2-14 2-(3′-シクロペンテニル)エチルトシラートを酢酸溶媒で加溶媒分解反応させると、ラセミ体のビシクロ[2.2.1]ヘプタン-2-アセテートを生じた。この反応機構を示しなさい。 C

問 2-15 塩酸水溶液中で L-グルタミン酸(*S*体)を $NaNO_2$ と反応させると、γ-位にカルボキシ基をもつ(*S*)-γ-ラクトンを生じた。この反応機構を示しなさい。 C

問 2-16 光学活性な *exo*-2-ノルボルニルトシラートを酢酸溶媒で加溶媒分解反応させると、ラセミ化した *exo*-2-ノルボルニルアセテートを生じた。この理由を述べなさい。 C

2.4 脱離反応と立体化学

問 2-17 次に示した化合物 **A**〜**E** のそれぞれをエタノール溶媒中で C_2H_5ONa を用いて E2 反応を行ったときの主生成物をかきなさい。A

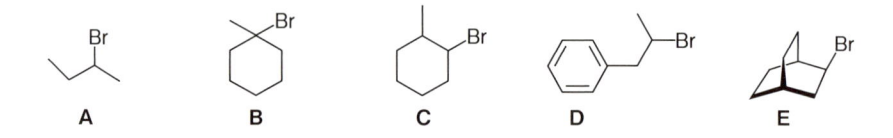

(化合物 A: 2-ブロモブタン、B: 1-ブロモ-1-メチルシクロヘキサン、C: 1-ブロモ-2-メチルシクロヘキサン、D: (2-ブロモプロピル)ベンゼン、E: 2-ブロモノルボルナン)

問 2-18 飽和炭素原子上での代表的脱離反応である E2 反応と E1 反応について、次の各問に答えなさい。A

a) E2 反応および E1 反応のそれぞれについて、自由エネルギーを縦軸に、反応の推移を横軸にした反応座標を示しなさい。なお、それぞれについて原系、遷移状態、中間体、生成系を明示すること。

b) E2 反応および E1 反応のそれぞれについて、反応速度 (v) を基質の濃度と求核剤の濃度式で表しなさい。

問 2-19 (R)-塩化メンチルと(S)-塩化メンチルそれぞれを、同一条件下エタノール中で EtONa と反応させると、シクロヘキセン誘導体を生じたが、主生成物は互いに異なっていた。それぞれの主生成物を示しなさい。B

(R)-塩化メンチル $\xrightarrow{\text{C}_2\text{H}_5\text{ONa}}{\text{エタノール}}$

(S)-塩化メンチル $\xrightarrow{\text{C}_2\text{H}_5\text{ONa}}{\text{エタノール}}$

問 2-20 *cis*-4-(*t*-ブチル)シクロヘキシル-1-トリメチルアンモニウム塩を *t*-ブチルアルコール中 *t*-BuOK と反応させると、4-(*t*-ブチル)-1-シクロヘキセンを生じたが、*trans*-4-(*t*-ブチル)シクロヘキシル-1-トリメチルアンモニウム塩を同様の条件下で反応させると、*trans*-(4-*t*-ブチル)シクロヘキシル-1-ジメチルア

ミンを生じた。この理由を述べなさい。 B

問 2-21 殺虫剤の BHC（benzene hexachloride）には主に α 体、β 体、および γ 体が含まれている。この中で β 体は土壌中で非常に分解しにくい。この理由を述べなさい。 C

α 体　　β 体　　γ 体

問 2-22 *trans*-1-ブロモ-1-メチル-4-(*t*-ブチル)シクロヘキサン **A** および *cis*-1-ブロモ-1-メチル-4-(*t*-ブチル)シクロヘキサン **B** をエタノール中 C_2H_5ONa で、それぞれを脱離反応させたときの主生成物をかきなさい。 B

2.5　求電子付加反応および求核付加反応

問 2-23 次に示したシクロヘキセンの各反応における主生成物 **A** 〜 **F** を構造式で示しなさい。なお、立体異性体が生じる場合は合わせて示しなさい。 A

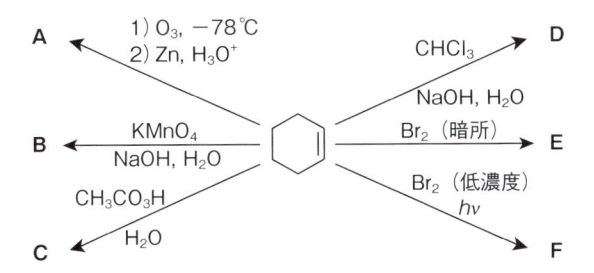

A ← 1) O_3, $-78\,°C$　2) Zn, H_3O^+

B ← $KMnO_4$ / NaOH, H_2O

C ← CH_3CO_3H / H_2O

D ← $CHCl_3$ / NaOH, H_2O

E ← Br_2（暗所）

F ← Br_2（低濃度）/ $h\nu$

問 2-24　*cis*-2-ブテンを用いた反応生成物 **A**〜**E**、および *trans*-2-ブテンを用いた反応生成物 **F**〜**J**の構造式を、立体を考慮して示しなさい。なお、**B**〜**E**および **G**〜**J** は Newman 投影式で表しなさい。 A

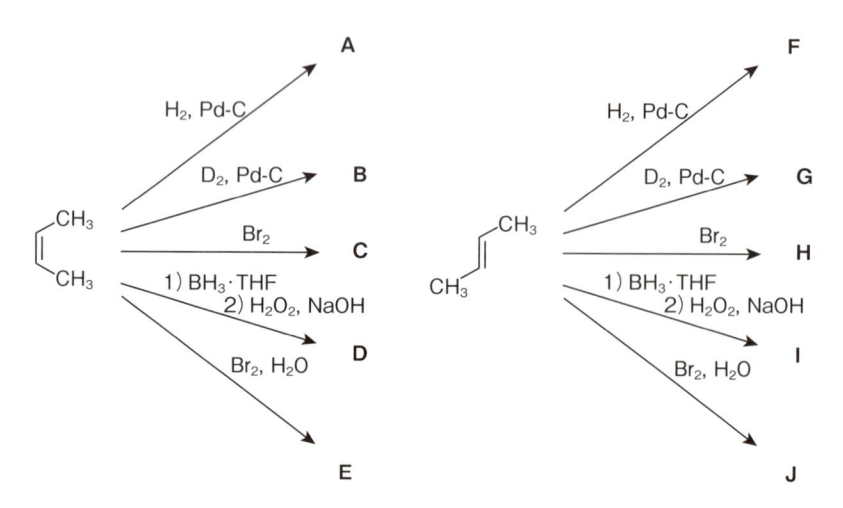

cis-2-ブテン:
- H₂, Pd-C → **A**
- D₂, Pd-C → **B**
- Br₂ → **C**
- 1) BH₃·THF, 2) H₂O₂, NaOH → **D**
- Br₂, H₂O → **E**

trans-2-ブテン:
- H₂, Pd-C → **F**
- D₂, Pd-C → **G**
- Br₂ → **H**
- 1) BH₃·THF, 2) H₂O₂, NaOH → **I**
- Br₂, H₂O → **J**

問 2-25　次に示した *cis*-2-ブテンとの反応における主生成物 **A**〜**D** を構造式で示しなさい。なお、必要に応じて立体を明示すること。 A

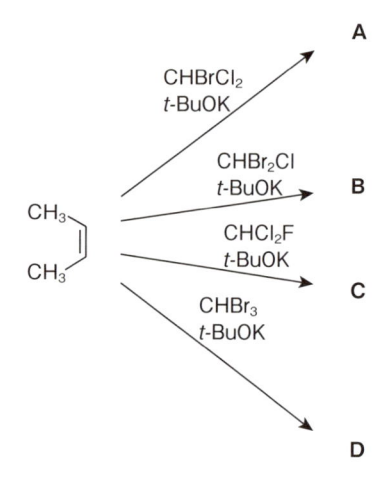

cis-2-ブテン:
- CHBrCl₂, *t*-BuOK → **A**
- CHBr₂Cl, *t*-BuOK → **B**
- CHCl₂F, *t*-BuOK → **C**
- CHBr₃, *t*-BuOK → **D**

2.5 求電子付加反応および求核付加反応

問 2-26 1,3-ブタジエンに 1 当量の臭素を、−80 ℃で反応させた場合と 40 ℃で反応させた場合では、主生成物が以下のように異なる。この理由を述べなさい。 [A]

$$CH_2=CH-CH=CH_2 \xrightarrow[CCl_4]{Br_2} \underset{Br\ \ \ Br}{CH_2-CH-CH=CH_2} + \underset{Br\ \ \ \ \ \ \ \ \ \ Br}{CH_2-CH=CH-CH_2}$$

−80 ℃   80%   20%
40 ℃   20%   80%

問 2-27 (2E,4E)-2,4-ヘキサジエン、(2E,4Z)-2,4-ヘキサジエン、および (2Z,4Z)-2,4-ヘキサジエンは互いに幾何異性体であり、無水マレイン酸との反応性は大きく異なる。反応性の高い順に不等号で示し、その理由を述べなさい。 [B]

問 2-28 次に示した 2-ブチンを用いた反応生成物 **A**〜**E** の構造式を示しなさい。 [A]

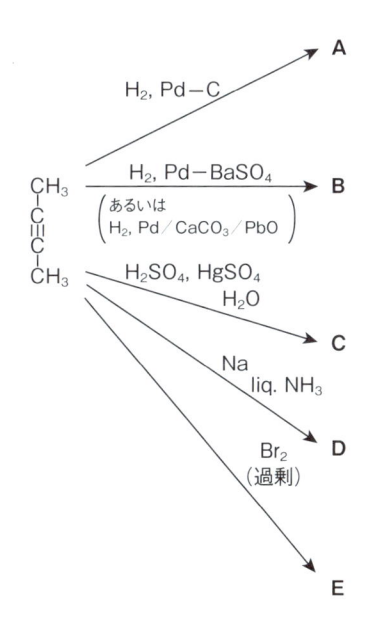

2-ブチン (CH₃-C≡C-CH₃) からの反応:
- H₂, Pd−C → **A**
- H₂, Pd−BaSO₄ (あるいは H₂, Pd/CaCO₃/PbO) → **B**
- H₂SO₄, HgSO₄, H₂O → **C**
- Na, liq. NH₃ → **D**
- Br₂ (過剰) → **E**

問 2-29　次に示したシクロヘキサノンの反応における主生成物 **A** ～ **G** を構造式で示しなさい。[A]

- A: 1) LiAlH$_4$ / Et$_2$O　2) H$_3$O$^+$
- B: H$_3$PO$_4$ 加熱
- C: HS–SH, H$_2$SO$_4$
- D: C$_6$H$_5$CHO, NaOH, H$_2$O
- E: Ph$_3$P$^+$CH$_3$ Br$^-$, NaH
- F: ピロリジン（NH）, 酸触媒
- G: 1) CH$_2$=CHCO$_2$CH$_3$　2) H$_3$O$^+$

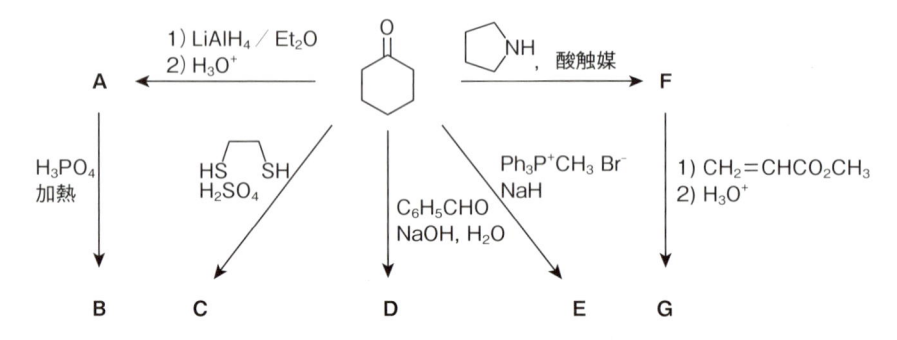

2.6　芳香環の反応

問 2-30　AlCl$_3$ 存在下でベンゼンと 1-クロロブタンを反応させると、2-フェニルブタンと 1-フェニルブタンを約 2：1 の生成比で生成する。2-フェニルブタンが主生成物となる理由を述べなさい。[A]

問 2-31　ニトロベンゼン、安息香酸、フルオロベンゼン、ベンゼン、トルエン、およびアニソールを濃硫酸と濃硝酸（混酸）でニトロ化したとき、反応性の高い順に不等号で示しなさい。[A]

問 2-32　フルオロベンゼンやクロロベンゼンは、トルエンなどとは対照的に芳香環上の電子密度が低いため、ニトロ化反応はベンゼンより遅い。しかし、トルエンと同じように *o*–、*p*–配向である。この理由を述べなさい。[B]

2.7 ラジカル反応

問 2-33 ブタンと塩素、およびブタンと臭素の各光照射反応は、次に示した反応生成物分布となる。ここで、第一級炭素と第二級炭素で反応した割合は、塩素と臭素で大きく異なる。この理由を述べなさい。 A

$$CH_3CH_2CH_2CH_3 \xrightarrow{Cl_2,\ h\nu} \underset{28\%}{CH_3CH_2CH_2CH_2Cl} + \underset{72\%}{CH_3CH_2CHClCH_3}$$

$$CH_3CH_2CH_2CH_3 \xrightarrow{Br_2,\ h\nu} \underset{2\%}{CH_3CH_2CH_2CH_2Br} + \underset{98\%}{CH_3CH_2CHBrCH_3}$$

問 2-34 フェノールはラジカル反応阻止剤として利用される。 B
a) この理由を述べなさい。
b) ビタミンE、カテキン、アントシアニン、およびビタミンCなどは活性酸素失活剤として機能する。この理由を述べなさい。

ビタミンE　[R¹, R² = H, CH₃]

ビタミンC

フラボノイド

(+)-カテキン

アントシアニン類

問 2-35 （R）-2-フェニルブタンに臭素存在下で光反応を行ったときの主生成物を、立体構造も含めて示しなさい。 B

2.8 同位体効果

問 2-36 アリル 3,4-ジメチルフェニル エーテルとアリル-d_2 3,4-ジメチル-4d_3 フェニル エーテルの 1：1 混合物を加熱し、反応生成物を分析した結果、2 種類の o-アリルフェノール誘導体が得られた。このことから、反応機構に関してどのようなことがいえるか答えなさい。 B

問 2-37 ベンズアルデヒドとベンズアルデヒド-d_1 をそれぞれ同一条件下、$KMnO_4$ 水溶液で酸化した結果、安息香酸カリウム塩を生じた。ベンズアルデヒドの酸化反応速度定数 k_H とベンズアルデヒド-d_1 の酸化反応速度定数 k_D の比、$k_H/k_D = 7.5$ であった。このことから、反応機構に関してどのようなことがいえるか答えなさい。 B

問 2-38　塩化 t-ブチルと塩化 t-ブチル-d_6 をそれぞれ同一条件下、酢酸溶媒で加溶媒分解反応を行った。塩化 t-ブチルの反応速度定数 k_H と塩化 t-ブチル-d_6 の反応速度定数 k_D の比、$k_H/k_D = 1.7$ であった。このことから、反応機構に関してどのようなことがいえるか答えなさい。B

$$\text{CH}_3\text{-C(CH}_3)(\text{CH}_3)\text{-Cl} \xrightarrow[\text{CH}_3\text{CO}_2\text{H}]{k_H} \text{アルケン、エステル}$$

$$\text{CD}_3\text{-C(CD}_3)(\text{CD}_3)\text{-Cl} \xrightarrow[\text{CH}_3\text{CO}_2\text{H}]{k_D} \text{アルケン、エステル}$$

2.9　総合問題

問 2-39　(R)-3-フェニル-2-ブタノンを、NaOH を含む含水アルコール溶液に加えると、ラセミ化した。この理由を述べなさい。A

問 2-40　次の事実に関して、その理由を簡潔に述べなさい。B
a）シクロプロペノンはシクロプロパノンより歪みが大きいにもかかわらず、安定な化合物である。
b）1-ブロモ[2.2.2]オクタンは S_N2 反応や E2 反応が生じない。また、S_N1 反応も生じない。
c）1-ブロモブタンと NaN_3 との反応をメタノールから HMPA（O=P[N(CH$_3$)$_2$]$_3$）に変えると、反応速度が約 200,000 倍も速くなる。

問 2-41　(S)-1-フェニル-2-プロパノールを (R)-1-フェニル-2-プロパノールへ効率的に変換する方法を反応式で示しなさい。B

問 2-42 RBr と金属 Mg の反応から生じた RMgBr に、以下の各反応を行った場合の生成物 **A**〜**K** を構造式で示しなさい。ただし、RMgBr は過剰に用いている。

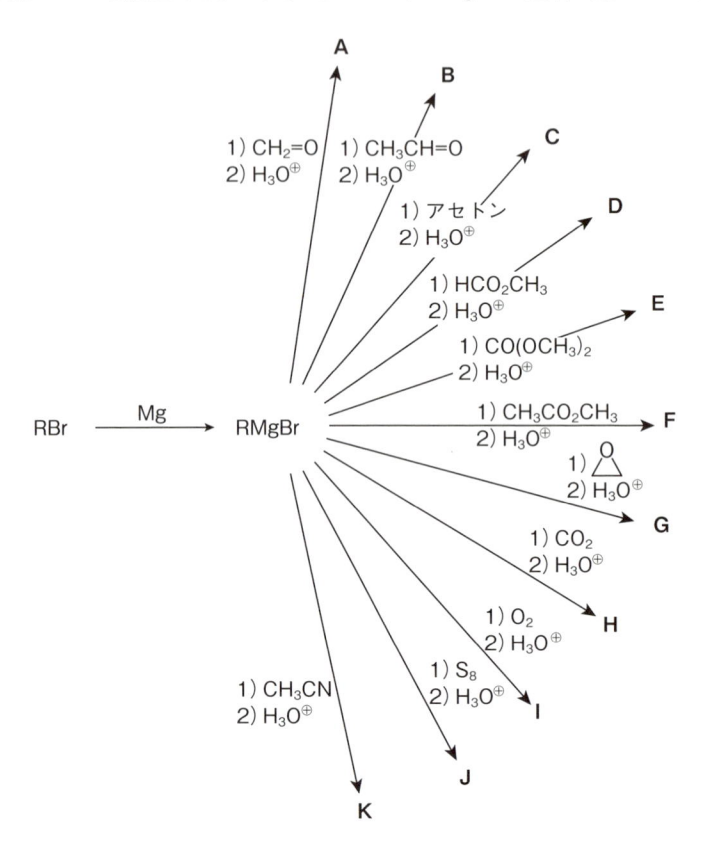

$$RBr \xrightarrow{Mg} RMgBr$$

- 1) $CH_2=O$ 2) $H_3O^\oplus$ → **A**
- 1) $CH_3CH=O$ 2) $H_3O^\oplus$ → **B**
- 1) アセトン 2) $H_3O^\oplus$ → **C**
- 1) HCO_2CH_3 2) $H_3O^\oplus$ → **D**
- 1) $CO(OCH_3)_2$ 2) $H_3O^\oplus$ → **E**
- 1) $CH_3CO_2CH_3$ 2) $H_3O^\oplus$ → **F**
- 1) エポキシド (O三員環) 2) $H_3O^\oplus$ → **G**
- 1) CO_2 2) $H_3O^\oplus$ → **H**
- 1) O_2 2) $H_3O^\oplus$ → **I**
- 1) S_8 2) $H_3O^\oplus$ → **J**
- 1) CH_3CN 2) $H_3O^\oplus$ → **K**

問 2-43 $CH_3CH_2CH_2Br$ と炭素数 3 以下の化合物を用いて、1-ブタノール **A**、1-ペンタノール **B**、4-ヘプタノール **C**、4-プロピル-4-ヘプタノール **D**、および 3-ヘキサノン **E** の合成法を示しなさい。

問 2-44　次に示した *p*-トルイジンのジアゾニウムとの反応における主生成物 **A**〜**G** を構造式で示しなさい。　B

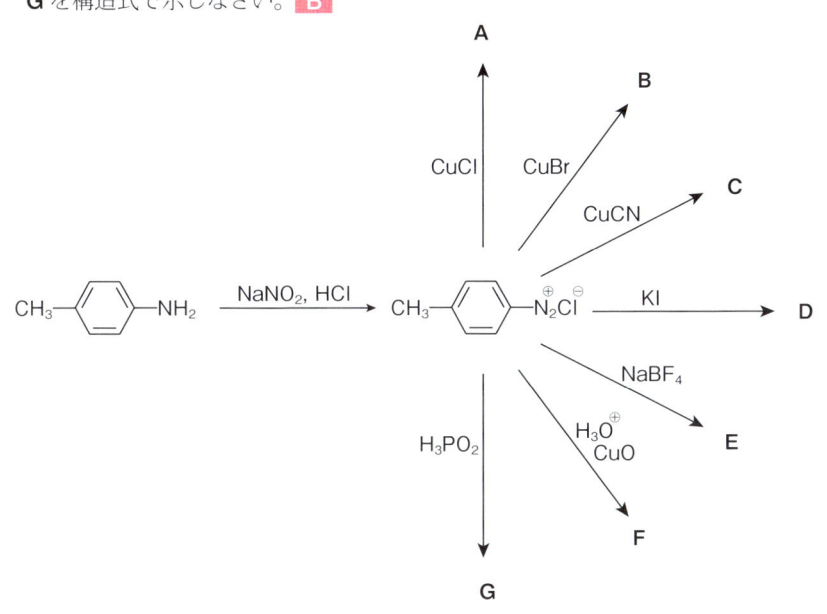

問 2-45　p.46 に示した反応における主生成物 **A**〜**R** を構造式で示しなさい。必要に応じて化合物の立体構造を明示すること。　C

問 2-46　p.47 に示した反応における主生成物 **A**〜**H** を構造式で示しなさい。必要に応じて化合物の立体構造を明示すること。　C

問 2-47　p.47 に示した反応における主生成物 **A**〜**I** を構造式で示しなさい。必要に応じて化合物の立体構造を明示すること。　C

問 2-45

a) CH₃COC(CH₃)₃ + mCPBA → **A**

   mCPBA = 3-chlorobenzoic acid (Cl–C₆H₄–CO₃H)

b) (1S,2S)-2-methylcyclopentanol
   - H₂SO₄ (触媒) → **B**
   - 1) CS₂, KOH, CH₃I; 2) 加熱 → **C**

c) PhCH(CH₃)–CH(OTs)CH₃ (with stereochemistry shown) — AcOH, 加熱 → **D**

d) CH₃CO₂CH₂CH₃ — CH₃CH₂ONa / CH₃CH₂OH → **E**

e) 1-methyl-2-chloro-4-isopropylcyclohexane (stereochemistry shown) — CH₃CH₂ONa / CH₃CH₂OH → **F**

f) anisole (methoxybenzene) — Li, liq. NH₃, t-BuOH (微量) → **G**

g) methyl benzoate — Li, liq. NH₃, t-BuOH (微量) → **H**

h) CH₃CH₂CH(CH₃)CO₂H (stereochemistry shown) — 1) SOCl₂; 2) CH₂N₂, Ag₂O; 3) H₂O → **I**

i) 2-methoxybenzaldehyde — CH₂=O, KOH / H₂O → **J**

j) CH₃C(=NOH)CH(CH₃)C₂H₅ (oxime) — 1) H₂SO₄; 2) H₂O → **K**

k) 2-methylcyclohexanone — mCPBA (3-chlorobenzoic acid) → **L**

l) cyclodecane-1,6-dione — NaOH → **M**

m) CH₃CH(OH)CH(Br)CH₃ (stereochemistry shown) — NaOH / EtOH → **N**

n) C₆H₅CONH₂ (benzamide) — Br₂, NaOH / H₂O, 加熱 → **O**

o) hexa-1,5-dien-3-ol (CH₂=CH–CH(OH)–CH₂–CH=CH₂) — 加熱 → **P**

p) 4-MeO–C₆H₄–(CH₂)₄–COOH — 1) SOCl₂; 2) AlCl₃ → **Q**

q) C₆H₅–CH(CH₃)–COCl (stereochemistry shown) — 1) NaN₃, 加熱; 2) H₂O → **R**

2.9 総合問題

問 2-46

a) CH₃CH=CHCH₃ (trans) + Br₂ → **A**

b) CH₃CH=CHCH₃ (cis) + Br₂ → **B**

c) (CH₃)₂C=CH-CO-CH₃
   1) C₄H₉Li; 2) H₂O → **C**
   1) (C₄H₉)₂CuLi; 2) H₂O → **D**

   $2C_4H_9Li + CuI \longrightarrow (C_4H_9)_2CuLi + LiI$

d) 1,3-ブタジエン + NC-CH=CH-CN → **E**

e) シクロヘキセン $\xrightarrow{CHCl_3,\ t\text{-BuOK}}$ **F**

f) 1,2-ジメチル-1,2-シクロペンタンジオール $\xrightarrow{H_2SO_4}$ **G**

g) CH₃CH₂CH₂CH₂CHO + (CH₃O)₂P(=O)-CH₂CO₂CH₃ $\xrightarrow{\text{NaH, THF}}$ **H**

問 2-47

a) シス-3-(ヒドロキシメチル)シクロヘキサンカルボン酸 $\xrightarrow{H_2SO_4}$ **A** (C₈H₁₂O₂)

b) PhC(=NOH)CH₃ 1) H₂SO₄; 2) H₂O → **B**

c) 1-メチルシクロペンテン 1) B₂H₆; 2) H₂O₂, NaOH → **C**

d) Ph-CH(CH₃)-CHBr-Ph $\xrightarrow{KOH}$ **D**

e) C₆H₅-OCH₃ $\xrightarrow{CH_3COCl,\ AlCl_3}$ **E**

f) trans-2-メチルシクロプロパンカルボキサミド $\xrightarrow{Br_2,\ NaOH}$ **F**

g) CH₃-C≡C-CH₃ 1) H₂, Pd/PbO/CaCO₃ (Lindlar触媒); 2) Br₂ → **G**

h) CH₂(CO₂C₂H₅)₂ 1) CH₂=CH-CO₂C₂H₅, C₂H₅ONa, C₂H₅OH; 2) H₃O⁺, 加熱 → **H** (C₅H₈O₄)

i) C₆H₅-OCH₃ 1) Na, liq. NH₃, t-BuOH (少し); 2) H₃O⁺ → **I**

問 2-48 次に示した反応における主生成物 **A ～ N** を構造式で示しなさい。必要に応じて化合物の立体構造を明示すること。 **C**

a) ニトロベンゼン + HNO$_3$, H$_2$SO$_4$ / 加熱 → **A**

b) 2-メチルシクロヘプタノン + CH$_3$CO$_3$H → **B**

c) trans-2-メチルシクロヘキサノール 1) TsCl, ピリジン 2) C$_2$H$_5$ONa → **C**

d) シクロヘキサノン 1) HN(ピペリジン), TsOH 2) CH$_3$I, 加熱 3) H$_3$O$^⊕$ → **D**

e) (R)-グリシジルメチルエーテル 1) C$_2$H$_5$MgBr, THF 2) H$_3$O$^⊕$ → **E**

f) 二環式エノールエーテル / 加熱 → **F**

g) デカリン-4a,8a-ジオール + Pb(OAc)$_4$ → **G**

h) PhCOCH$_2$CH$_2$COCH$_3$ + NH$_3$ → **H** (C$_{11}$H$_{11}$N)

i) 3-メチル-1-ブチン + Hg(OAc)$_2$, H$_2$O / H$_2$SO$_4$ → **I**

j) 2-シクロヘキシル-2-アミノプロパン 1) CH$_3$I (excess) 2) Ag$_2$O, H$_2$O / 加熱 → **J**

k) (2Z,4Z)-2,4-ヘキサジエン — 加熱 → **K**; 光(hν) → **L**

l) cis-7,8-ジフェニルビシクロ[4.2.0]オクタ-2,4-ジエン + ジメチルアセチレンジカルボキシラート — 加熱 → **M**; 光(hν) → **N**

問 2-49 プロピオフェノン（CH$_3$CH$_2$COPh）を合成するため、プロピオン酸メチル（CH$_3$CH$_2$CO$_2$CH$_3$）に PhMgBr を等量反応させた後、酸加水分解した。しかし、プロピオフェノンはほとんど得られなかった。 **C**

a) どのような反応が生じたかを述べなさい。
b) プロピオフェノンを効率的に合成するには、どのような合成法が適切か、反応式を用いて示しなさい。

問 2-50　メチルオレンジの pH 変色域は 3 〜 4 であり、フェノールフタレインの pH 変色域は 8 〜 10 である。メチルオレンジやフェノールフタレインが pH の変化で色が変化する理由を、構造式を用いて説明しなさい。　C

メチルオレンジ

フェノールフタレイン

第2章 解 答

問 2-1

S_N1 反応は 2 段階反応で、中間体として生じるカルボカチオン（sp^2 混成）が、より安定で生成しやすい基質が反応しやすい。

よって、反応性は第三級カルボカチオン > 第二級カルボカチオン ≫ 第一級カルボカチオン、の順で低下する。また、アリルカチオン（$CH_2=CHCH_2^+$）やベンジルカチオン（$PhCH_2^+$）は共鳴効果による安定化が大きいために生成しやすい。さらに、ハロゲンの中では HX が強酸であるほど、また、原子半径が大きいほど脱離能力が高いため、$I^- > Br^- > Cl^-$ の順で反応性は低下する。なお、炭素・炭素二重結合（sp^2 混成）に結合したハロゲンは結合が強く、S_N1 反応しない。

a) $(CH_3)_3C\text{-}Br$ > $(CH_3)_2CH\text{-}Br$ > $CH_3CH_2CH_2\text{-}Br$

b) $(CH_3)_2C=CH\text{-}CH_2\text{-}Br$ > $(CH_3)_2CH\text{-}CH_2\text{-}Br$ ≫ $(CH_3)_2CH\text{-}CH=CH\text{-}Br$（反応しない）

c) $(CH_3)_2CH\text{-}I$ > $(CH_3)_2CH\text{-}Br$ > $(CH_3)_2CH\text{-}Cl$

d) $CH_3O\text{-}C_6H_4\text{-}CH_2Br$ > $C_6H_5\text{-}CH_2Br$ > $Cl\text{-}C_6H_4\text{-}CH_2Br$

問 2-2

S_N2 反応は 1 段階反応で、立体障害が少ない第一級アルキル鎖が反応しやすい。
よって、反応性は第一級アルキル鎖 > 第二級アルキル鎖 ≫ 第三級アルキル鎖の順で低下する。臭化アリルは臭化プロピルより反応性が高い。
臭化ネオペンチル（2,2-ジメチル-1-ブロモプロパン）は三方両錐型遷移状態を経る S_N2 は生じにくく、また、第一級アルキル鎖なので S_N1 反応も生じにくい。なお、炭素・

炭素二重結合（sp^2 混成）に結合したハロゲンは結合が強く、S_N2 反応しない。

a) $CH_3CH_2CH_2-Br$ > $(CH_3)_2CH-Br$ ≫ $(CH_3)_3C-Br$

b) $(CH_3)_3C-CH_2CH_2CH_2-Br$ > $(CH_3)_2CH-CH_2CH_2-Br$ ≫ $(CH_3)_3C-CH_2-Br$

c) （シクロヘキシル-Br） > （ビシクロ環-CH$_2$Br） ≫ （橋頭炭素-Br）

d) $CH_2=CH-CH_2-Br$ > $CH_3CH_2CH_2-Br$ ≫ $CH_3-CH=CH-Br$
（反応しない）

問 2-3

S_N2 反応は、求核剤が基質の脱離基とは 180°反対側から求核攻撃して 1 段階で進行し、三方両錐型遷移状態を経て Walden 反転をともなう。つまり、立体特異的反応である。S_N1 反応は中間体のカルボカチオンを生成する段階が律速である。カルボカチオンは sp^2 混成の平面構造であり、求核剤は両サイドから反応するので、立体特異性はない。

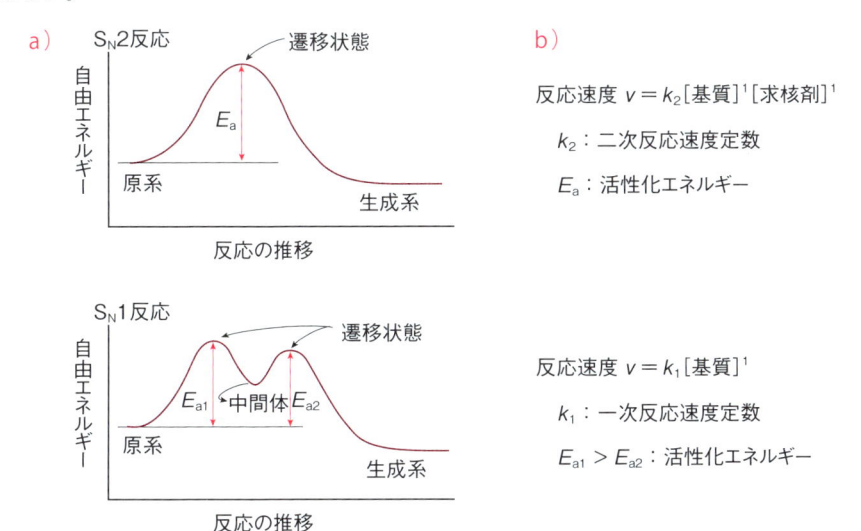

a) S_N2 反応のエネルギー図：原系 → 遷移状態（E_a）→ 生成系

S_N1 反応のエネルギー図：原系 → 遷移状態（E_{a1}）→ 中間体 → 遷移状態（E_{a2}）→ 生成系

b)
S_N2：
反応速度 $v = k_2[\text{基質}]^1[\text{求核剤}]^1$
 k_2：二次反応速度定数
 E_a：活性化エネルギー

S_N1：
反応速度 $v = k_1[\text{基質}]^1$
 k_1：一次反応速度定数
 $E_{a1} > E_{a2}$：活性化エネルギー

S_N2 反応を促進させるには、求核剤のアニオン性を高める必要があり、アセトニトリル、N,N-ジメチルホルムアミド、あるいはジメチルスルホキシドのような非プロトン性極性溶媒がよい。一方、S_N1 反応はカルボカチオンとアニオンのイオン対を生じるので、アニオンもカチオンも安定化できるメタノール、エタノール、水、あるいは酢酸などのプロトン性極性溶媒がよい。

問 2-4

a）の反応は強い求核剤である C_2H_5ONa を用いるため、S_N2 反応で進行し、Walden 反転が生じる。

b）の反応は極性の高いプロトン性極性溶媒である酢酸を用いているため、S_N1 反応で進行し、カルボカチオン中間体を生じてから酢酸と反応するので、酢酸エステルをラセミ体として生じる。

問 2-5

強い求核剤を用いないで、水のようなプロトン性極性溶媒を用いているので、反応は S_N1 反応で進行している。このため、カルボカチオン中間体の生成が律速段階であることから、第三級ハロゲン化アルキルでは反応が速やかに進行する。

問 2-6

a）E2 反応による脱離反応が生じ、イソブテンを生成した。

$$CH_3\text{-}C(CH_3)_2\text{-}Br + C_2H_5ONa \longrightarrow CH_2=C(CH_3)_2 + C_2H_5OH \ (+NaBr)$$

b）エーテルを効率的に合成するには、第一級ハロゲン化アルキルとナトリウムアルコキシド（RONa）、つまり、臭化エチルあるいはヨウ化エチルと t-BuONa を反応させる。

$$CH_3CH_2\text{-}Br + CH_3\text{-}C(CH_3)_2\text{-}ONa \longrightarrow CH_3CH_2\text{-}O\text{-}C(CH_3)_3$$

問 2-7

エタノール-水の溶媒はプロトン性極性溶媒であり、S_N1 反応で進行する。よって、平面状の sp^2 混成炭素であるカルボカチオンの生成しやすさがポイントである。

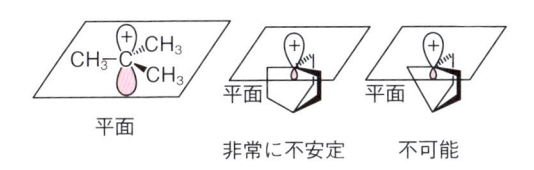

平面　　　非常に不安定　　　不可能

問 2-8

この反応は S_N2 反応である。そのため、求核剤の反応性を向上させる非プロトン性極性溶媒がよい。メタノール（誘電率 $\varepsilon = 32.6$）はプロトン性極性溶媒であるが、N,N-ジメチルホルムアミド（誘電率 $\varepsilon = 36.7$）とジメチルスルホキシド（誘電率 $\varepsilon = 48.9$）は非プロトン性極性溶媒である。特に、ジメチルスルホキシドの誘電率は大きいため、S_N2 反応が促進される。N,N-ジメチルホルムアミドやジメチルスルホキシド中では、N_3^- の求核性が非常に増大する。

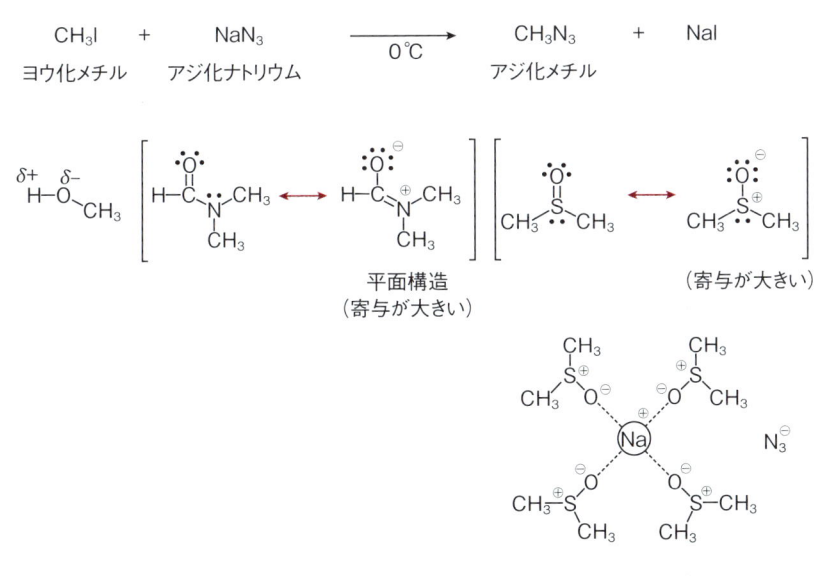

$$CH_3I + NaN_3 \xrightarrow{0℃} CH_3N_3 + NaI$$

ヨウ化メチル　　アジ化ナトリウム　　　　　アジ化メチル

平面構造
（寄与が大きい）　　　　（寄与が大きい）

ジメチルスルホキシド中の NaN_3

問 2-9

S_N2 反応なので、臭化アルキルにヨウ素アニオンが背面から求核攻撃して三方両錐型の遷移状態を形成する段階が律速である。このため、臭化ネオペンチルの遷移状態では t-ブチル基と臭素およびヨウ素原子が互いに垂直関係にあり、立体障害となることから、この遷移状態を形成しにくいため反応しにくい。

問 2-10

S_N2 反応は三方両錐型の遷移状態を形成する段階が律速である。よって、遷移状態におけるアルキル鎖 α-位の 3 つの置換基は互いに 120° になる必要があり、臭化イソプロピルと臭化シクロペンチルでは可能であるが、臭化シクロブタンや臭化シクロプロピルの場合は環の構造から、120° をとることは不可能であり、反応は著しく遅くなる。

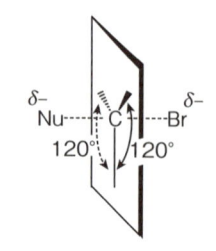

問 2-11

いずれも π 電子対が関与した非古典的カルボカチオン中間体を生じる S_N1 反応である。しかし、*anti*-2,3-ジメチル-2-ノルボルネン由来のカルボカチオン中間体は 2 つの電子供与性のメチル基（誘起効果）により、より安定化されるため、生成しやすい。

問 2-12

S_N1 反応で進行する。*anti*-2-ノルボルネン-7-トシラートでは π 電子対が隣接基関与し、安定な非古典的カルボカチオン中間体を生成しやすい。しかし、ノルボルナン-7-トシラートではそのような隣接基関与が生じない。このため、前者は非常に S_N1 反応が速い。

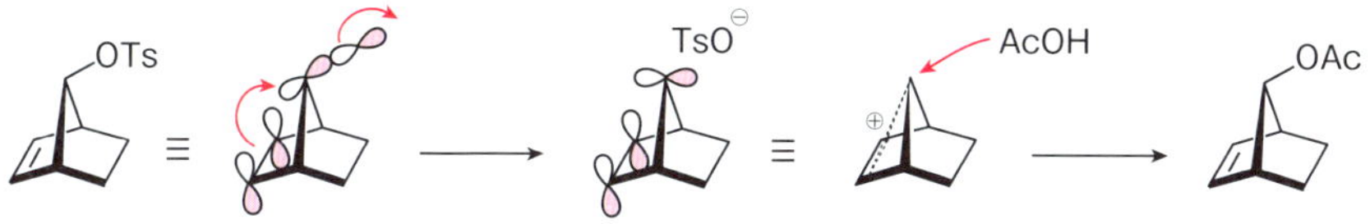

非古典的カルボカチオン中間体

問 2-13

カルボキシ基の隣接基関与が生じ、臭素の結合した炭素上で 2 回の Walden 反転が生じる。

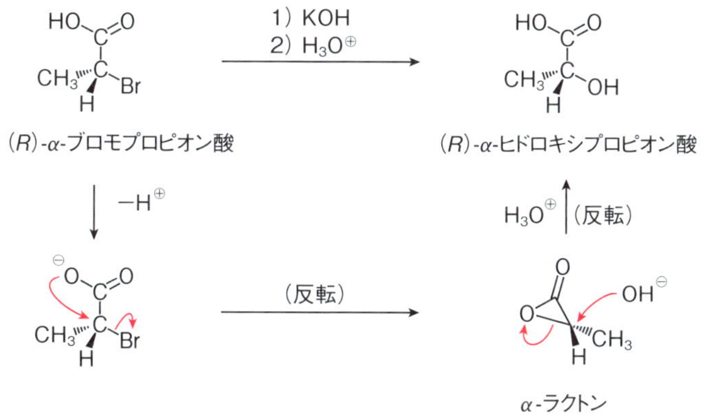

(*R*)-α-ブロモプロピオン酸 → (*R*)-α-ヒドロキシプロピオン酸

α-ラクトン

問 2-14

π電子対が隣接基関与した非古典的カルボカチオン中間体を形成し、等価な2点で酢酸と反応するため、ラセミ体のビシクロ[2.2.1]ヘプタン-2-アセテートを生じる。

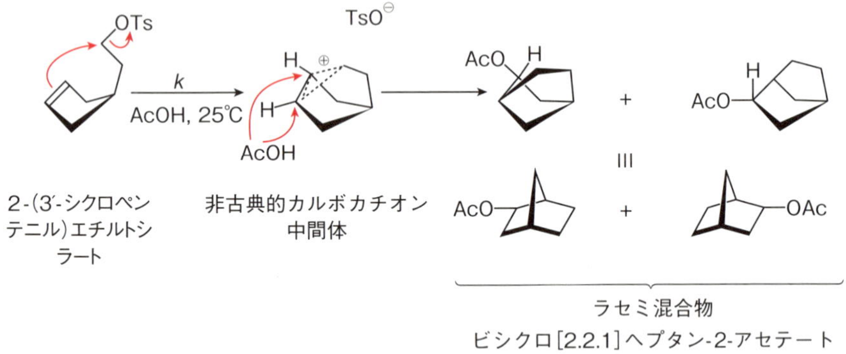

2-(3'-シクロペンテニル)エチルトシラート　非古典的カルボカチオン中間体

ラセミ混合物
ビシクロ[2.2.1]ヘプタン-2-アセテート

問 2-15

アミノ基の結合した炭素上で2回のWalden反転が生じる。

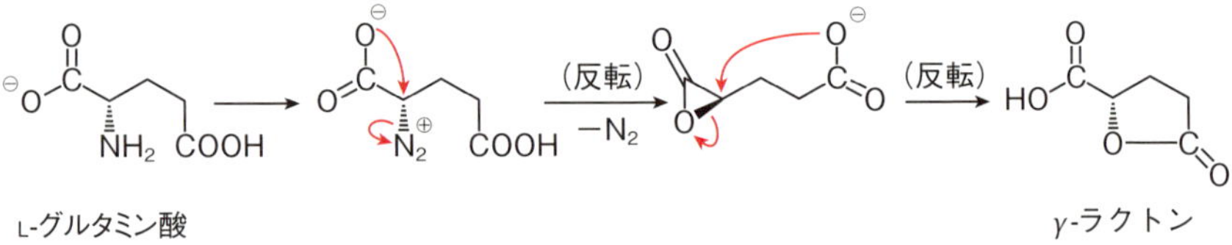

L-グルタミン酸　　　　　　　　　　　　　　　γ-ラクトン

問 2-16

σ-結合電子対の隣接関与により非古典的カルボカチオン中間体を生じ、等価な2点で酢酸と反応するため、ラセミ体となる。

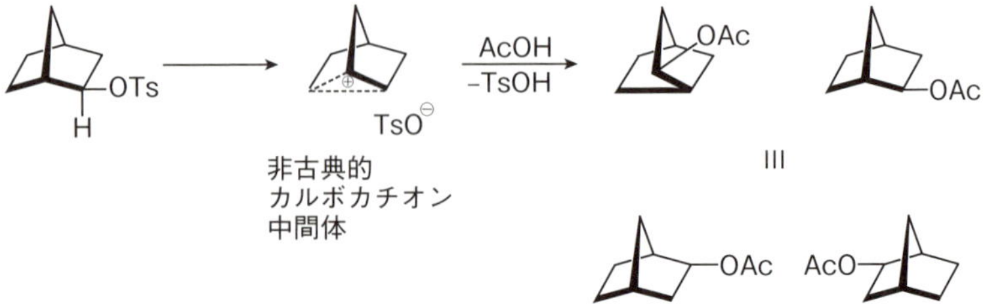

非古典的カルボカチオン中間体

問 2-17

E2 反応は 1 段階反応で, 脱離基である H と Br が *anti*-periplanar の遷移状態を経て進行する。通常は炭素・炭素結合の自由回転が生じるため, この条件を満たしていれば Zaitsev 則にそって, よりアルキル置換基の多いアルケンが主生成物となる。

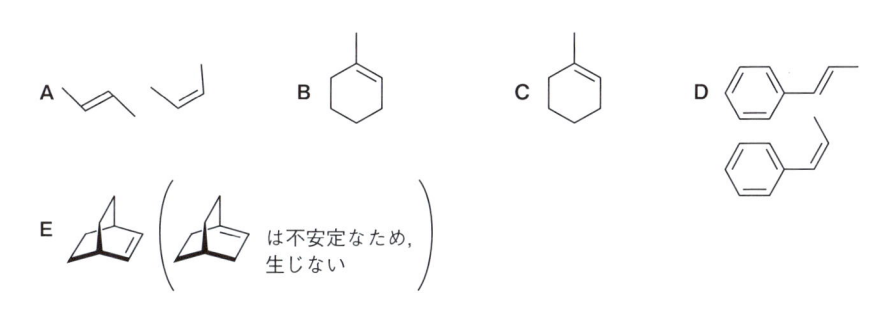

A （構造式） B （構造式） C （構造式） D （構造式）

E （構造式）（は不安定なため, 生じない）

問 2-18

E2 反応は, 塩基が基質の脱離基とは反対側から, *anti*-periplanar の条件を満たした β-水素原子をプロトンとして引抜くとともに, *anti*-periplanar の位置にある脱離基が協奏的に β-脱離していく 1 段階反応で進行し, 立体特異的反応である。E1 反応は

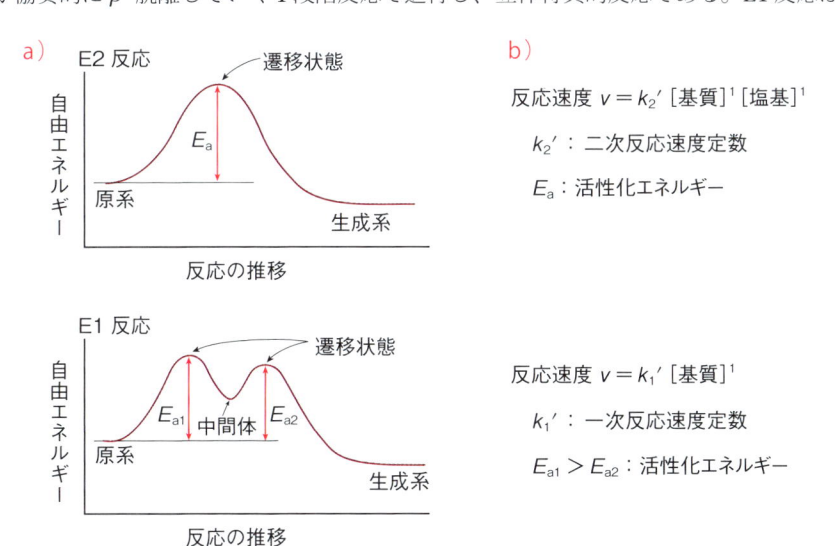

a) E2 反応 エネルギー図（遷移状態, E_a, 原系, 生成系）

E1 反応 エネルギー図（遷移状態, E_{a1}, 中間体, E_{a2}, 原系, 生成系）

b) 反応速度 $v = k_2'[\text{基質}]^1[\text{塩基}]^1$

k_2'：二次反応速度定数

E_a：活性化エネルギー

反応速度 $v = k_1'[\text{基質}]^1$

k_1'：一次反応速度定数

$E_{a1} > E_{a2}$：活性化エネルギー

基質から脱離基が離れ、中間体のカルボカチオンを生成する段階が律速であり、2段階反応である。生じたカルボカチオンはsp^2混成の平面であり、Zaitsev則に従ってプロトンが抜け、炭素-炭素結合の自由回転が生じるので、立体特異性はない。

問 2-19
脱離する H と Cl が *anti*-periplanar の条件を満たしたときに、E2 反応は効率的に進行する。

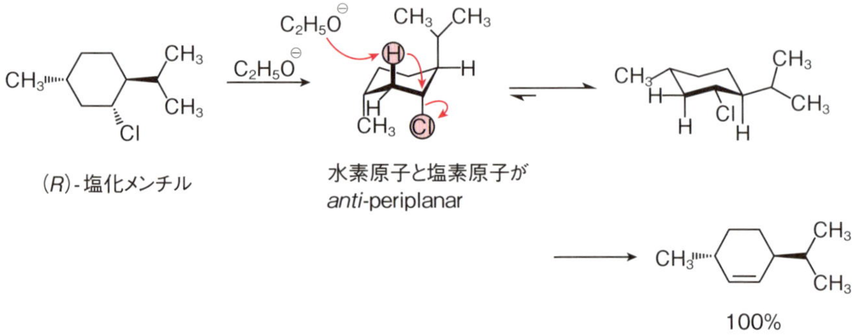

(*R*)-塩化メンチル

水素原子と塩素原子が *anti*-periplanar

100%

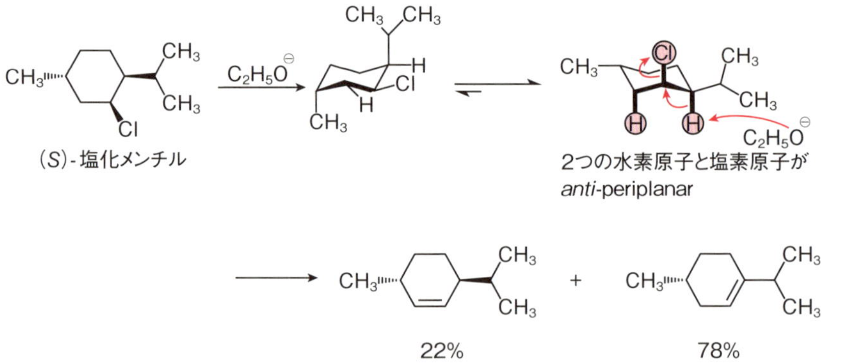

(*S*)-塩化メンチル

2つの水素原子と塩素原子が *anti*-periplanar

22%　+　78%

問 2-20
t-ブチル基やトリメチルアンモニウム基は非常に大きい置換基なので、エクアトリアル位で存在する。シス体では環内で水素原子とトリメチルアンモニウム基が *anti*-periplanar* の条件を満たすため、Hofmann 分解反応による E2 反応が生じる。しかし、トランス体では、大きな *t*-ブチル基とトリメチルアンモニウム基はともにエクアト

リアリ位で存在し、環内に *anti*-periplanar の条件を満たす脱離基がない。このため、トリメチルアンモニウムのメチル基への *t*-BuOK による S_N2 反応が生じる。

cis-4-(*t*-ブチル)
シクロヘキシル-1-トリメチル
アンモニウム塩

1 : 1

(Hofmann 脱離型)

trans-4-(*t*-ブチル)
シクロヘキシル-1-トリメチル
アンモニウム塩

〜100%

問 2-21

シクロヘキサン環はイス形配座をとり、水素原子より大きい塩素原子はエクアトリアル位となる。α体およびγ体では少なくとも1対の水素原子と塩素原子が *anti*-periplanar の条件を満たすため、E2 反応が生じて分解しやすい。しかし、β体ではすべての塩素原子がエクアトリアル位で存在するため、E2 反応が生じず、分解しにくい。

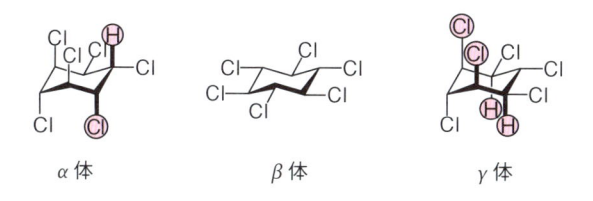

α体　　　β体　　　γ体

問 2-22

大きな *t*-ブチルはエクアトリアル位をとり、この配座で *anti*-periplanar の条件を満たした E2 反応が生じる。このため、化合物 A では環外二重結合を、化合物 B では環内二重結合を形成する。

問 2-23

A はオゾン化反応。
B は *cis*-1,2-ジオールへの酸化反応。
C はエポキシドを経た、*trans*-1,2-ジオールへの酸化反応（ラセミ混合物）。
D はジクロロカルベンによる協奏的付加環化反応。
E は臭素のトランス付加反応（2 段階反応でラセミ混合物）。
F はアリル位水素のラジカル連鎖反応による臭素化反応（ラセミ混合物）。

問 2-24

A：アルケンの接触水素化反応（1 段階付加反応でシス付加）。

A CH₃CH₂CH₂CH₃

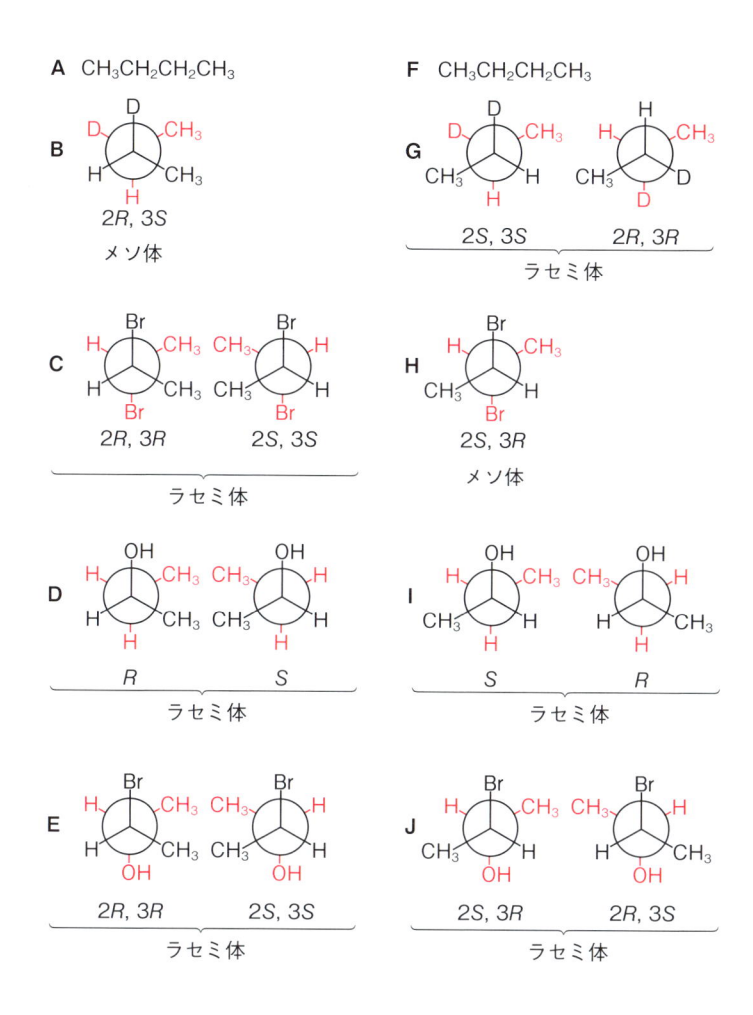

B (Newman projection with D, D, CH₃, CH₃, H, H)
2R, 3S
メソ体

F CH₃CH₂CH₂CH₃

G (two Newman projections)
2S, 3S   2R, 3R
ラセミ体

C (two Newman projections with Br)
2R, 3R   2S, 3S
ラセミ体

H (Newman projection with Br)
2S, 3R
メソ体

D (two Newman projections with OH)
R   S
ラセミ体

I (two Newman projections with OH)
S   R
ラセミ体

E (two Newman projections with Br/OH)
2R, 3R   2S, 3S
ラセミ体

J (two Newman projections with Br/OH)
2S, 3R   2R, 3S
ラセミ体

B：アルケンの接触水素化反応（1段階付加反応でシス付加）でメソ体を生成。

C：臭素のトランス付加反応（2段階反応）でラセミ体を生成。

D：アルケン部位に立体障害の少ない側から H–BH₂ の協奏的シス付加と、アルキル基の 1,2-転位（結果的に *anti*-Markovnikov 型で水が付加）でラセミ体を生成。

E：BrOH のトランス付加反応（2段階反応で）ラセミ体を生成。

F：アルケンの接触水素化反応（1段階反応でシス付加）。

G：アルケンの接触水素化反応（1段階付加反応でシス付加）でラセミ体を生成。

H： 臭素のトランス付加反応（2段階反応）でメソ体を生成。
I： アルケンへの立体障害の少ない側から H–BH$_2$ の協奏的シス付加と、アルキル基の 1,2-転位（結果的に *anti*-Markovnikov 型で水が付加）でラセミ体を生成。
J： BrOH のトランス付加反応（2段階反応）でラセミ体を生成。

問 2-25
CHX$_3$ と *t*-BuOK からプロトンが引抜かれ、続く :CX$_3^-$ の α-脱離からカルベン（:CX$_2$）を生じ、アルケンと協奏的な付加環化反応（1段階反応）でシクロプロパン化反応が生じる。なお、:CX$_3^-$ の α-脱離では、脱離しやすいアニオンが優先して α-脱離する（Br$^-$ ＞ Cl$^-$ ＞ F$^-$）。

問 2-26
低温では速度論的支配の反応となり、活性化エネルギーの少ない経路で反応が進行する。一方、高温では熱力学的支配の反応となり、熱力学的に、より安定な内部アルケンが主生成物となる。

問 2-27
いずれも 1,3-ジエンであり、無水マレイン酸との反応は Diels–Alder 反応である。Diels–Alder 反応は 6 員環状遷移状態を経由し、Diels–Alder 反応が円滑に生じるためには 1,3-ジエンが *s*-シスの構造を円滑にとれるかどうかである。よって、反応性は（2*E*,4*E*）-2,4-ヘキサジエン ＞（2*E*,4*Z*）-2,4-ヘキサジエン ＞（2*Z*,4*Z*）-2,4-ヘキサジエンの順で減少する。

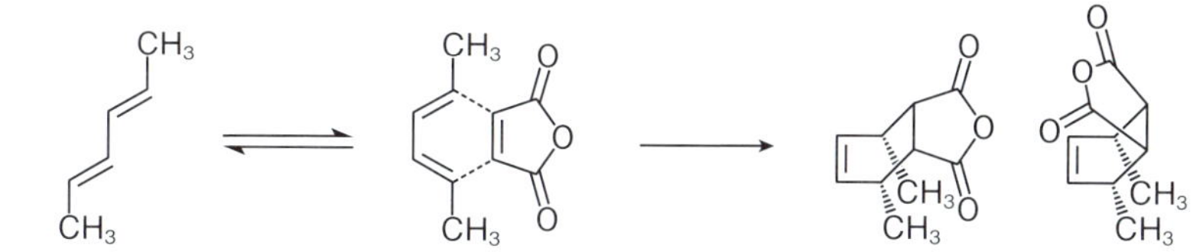

解　答

[図: (2E,4E)s-トランス ⇌ s-シス → exo, endo 生成物]

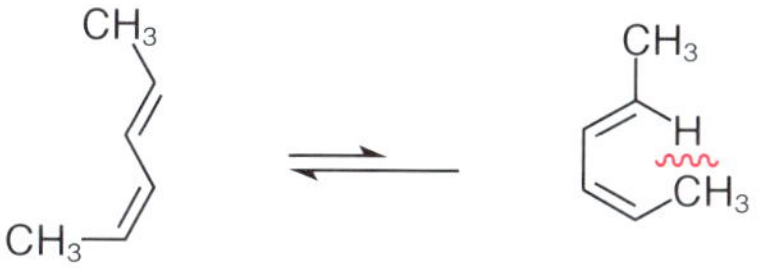

[図: (2E,4Z)s-トランス ⇌ s-シス（やや立体障害）]

[図: (2Z,4Z)s-トランス ⇌ s-シス（大きな立体障害）]

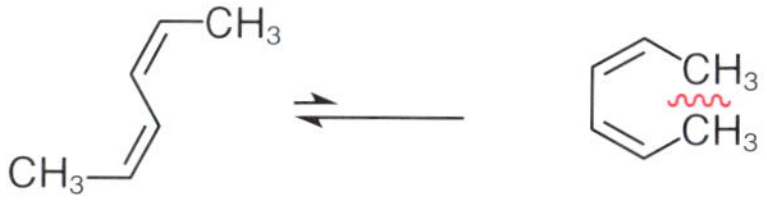

問 2-28

A：アルキンの接触水素化反応。

B：Pd の活性を落としているため、*cis*-2-ブテンを生成（Pd／CaCO₃／PbO は Lindlar 触媒）。

C：アルキンへの水の付加反応。

D：アルキンの *trans*-2-ブテンへの還元反応。

E：2-ブチンへの臭素の2度にわたるトランス付加反応（2段階反応）。

A　$CH_3CH_2CH_2CH_3$

B　[構造式: cis-2-ブテン]

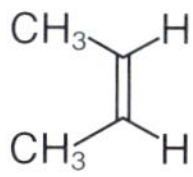

C　$CH_3CH_2CCH_3$
　　　　　　　$\parallel$
　　　　　　　O

D　[構造式: trans-2-ブテン]

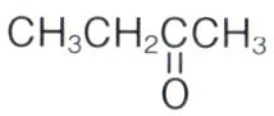

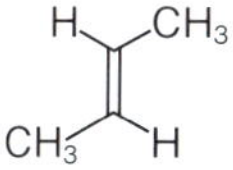

E　$CH_3CBr_2CBr_2CH_3$

問 2-29

A はケトンの LiAlH$_4$ 還元によりアルコールを生成。
B はリン酸によるアルコールの脱水によりアルケンを生成。
C はケトンのジチオアセタールへの保護基導入。
D はアルドール縮合反応。
E は Wittig 反応による *exo*-メチレン化反応。
F はケトンと第二級アミンによるエナミン生成。
G はエナミンによる Michael 付加反応と生じたイミニウムの加水分解。

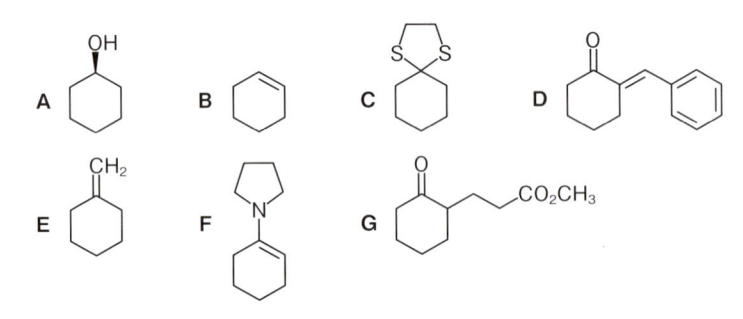

問 2-30

Friedel–Crafts アルキル化反応である。中間体は第一級カルボカチオンである 1-ブチルカチオンと、その 1,2-H シフトにより、第二級カルボカチオンである 2-ブチルカチオンが生じ、それぞれがベンゼンに求電子置換反応する。1-ブチルカチオンより 2-ブチルカチオンの方が安定なため、より多くが生じてベンゼンと反応するため、2-フェニルブタンが主生成物となる。

問 2-31

ニトロ化反応はニトロニウムイオンによる芳香環への求電子置換反応なので、芳香環上の電子密度が高いほど反応が速い。

OCH₃ > CH₃ > (ベンゼン) > F > CO₂H > NO₂
（それぞれベンゼン環に置換）

問 2-32

フッ素原子や塩素原子は電気陰性度が大きく、σ-結合を通じて電子を引きつける（電子求引の誘起効果：−I効果）。しかし、フッ素原子や塩素原子は孤立電子対をもつため、ベンゼンに結合すると共役系となる。このような化合物にニトロニウムイオンが求電子付加すると、o-位およびp-位で反応したときに、フッ素原子や塩素原子の孤立電子対が電子供与基（電子供与の共鳴効果：＋R効果）となり、σ-付加体を安定化させるため、o-位およびp-位ニトロ体が主生成物となる。

（共鳴構造図：o-位攻撃「より安定」、m-位攻撃「より不安定」、p-位攻撃「より安定」）

問 2-33

塩素原子は反応性が高く、水素原子の引抜きの選択性は低いため、1-ブチルラジカルと2-ブチルラジカルの混合物となり、結果として1-クロロブタンと2-クロロブタンの混合物となる。一方、臭素原子は穏やかな反応性をもち、結合の弱い第二級炭素に結合した水素原子を選択的に引抜くため、2-ブチルラジカルを生じ、結果として2-ブロモブタンを優先的に生じる。

問 2-34

a) フェノールは発生したラジカル種に水素原子を与え、ラジカル活性を失活させるとともに、安定なフェノキシルラジカルを生じる。
b) ビタミンE、カテキン、アントシアニン、およびビタミンCはいずれもフェノール性水酸基をもち、フェノールと同様に、ラジカル種への優れた水素原子供与体となる。

問 2-35

反応はラジカル連鎖反応で進行する。臭素原子がベンジル位の水素原子を引抜いて、2-フェニル-2-ブチルラジカルを生じる。炭素ラジカルは室温で速やかに反転するため、生成する 2-フェニル-2-ブロモブタンはラセミ体である。

問 2-36

この反応は Claisen 転位反応である。この交差実験から、Claisen 転位反応が以下に示した 6 員環状遷移状態を経た分子内反応であることがわかる。

問 2-37

大きな一次速度論的同位体効果が得られたことから、以下に示した 5 員環状遷移状態を経たホルミル基の水素原子の引抜きが律速段階であることがわかる。

$k_H / k_D = 7.5$

$\longrightarrow$ PhCO$_2$K + MnO$_3$H

問 2-38

二次速度論的同位体効果が得られたことから、律速段階で C–H 結合（C–D 結合）近傍が反応に関わっている。つまり、中間体の t-ブチルカチオンは t-ブチル-d_6 カチオンより幾分安定であり、生成しやすい。

問 2-39

ケトンの pK_a は 18〜20 程度であるため、塩基性にすると α-水素が容易に引抜かれてカルボアニオンとなり、その反転やエノラートを経てラセミ化する。

問 2-40

a) シクロプロペノンは環状に 2π 電子［$(4n+2)\pi$ 電子で $n=0$］（Hückel 則）をもつため、芳香族性安定化エネルギー効果により安定化しており、沸点が高く、室温で安定な液体である。

b) 1-ブロモ［2.2.2］オクタンはかご型構造であるため、脱離基の反対側から求核剤

が攻撃する S_N2 反応は生じない。また、E2 反応により生じたアルケンは橋頭位に二重結合を有するため、非常に不安定で、生じない（Bredt 則）。S_N1 反応から生じた sp^2 カルボカチオンは 4 つの炭素原子が平面構造を有する必要があり、［2.2.2］オクタンからカルボカチオンを生じることはほとんど不可能である。

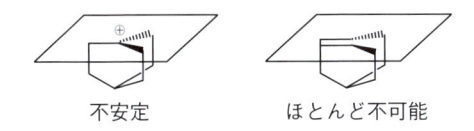

不安定　　　ほとんど不可能

c) この反応は S_N2 反応である。メタノールのようなプロトン性極性溶媒は、NaN_3 の Na^+ と N_3^- の両方のイオンを溶媒和により安定化させてしまうので、反応は促進されない。一方、HMPA は非プロトン性極性溶媒であり、NaN_3 の Na^+ を溶媒和させて安定化させるが、N_3^- は溶媒和されず不安定化し、S_N2 反応が劇的に向上する。

問 2-41

ピリジンを塩基として、アルコールを p-トルエンスルホニルクロリド（p-TsCl）と反応させて O-トシル化し、次に穏やかな求核剤である酢酸カリウムにより S_N2 反応を行い、生じたエステルをアルカリ加水分解すると、アルコールの鏡像異性体が得られる。

$PhCH_2-\overset{CH_3\ H}{\underset{}{C}}-OH$　$\xrightarrow[\text{ピリジン, 室温}]{\text{TsCl}}$　$PhCH_2-\overset{CH_3\ H}{\underset{}{C}}-OTs$　$\xrightarrow[S_N2]{AcOK}$　$AcO-\overset{CH_3\ H}{\underset{}{C}}-CH_2Ph$

(S)-1-フェニル
-2-プロパノール

$\xrightarrow[CH_3OH]{NaOH}$　$HO-\overset{CH_3\ H}{\underset{}{C}}-CH_2Ph$

(R)-1-フェニル
-2-プロパノール

問 2-42

求核性の Grignard 試薬である $R:^- Mg^{2+} Br^-$ との反応である。

- **A**：RCH_2OH
- **B**：$RCH(CH_3)OH$
- **C**：$RC(CH_3)_2OH$
- **D**：R_2CHOH
- **E**：R_3COH
- **F**：$R_2C(CH_3)OH$
- **G**：RCH_2CH_2OH
- **H**：RCO_2H
- **I**：ROH
- **J**：RSH
- **K**：$R(C=O)CH_3$

問 2-43

Grignard 反応を用いて、ケトンやニトリルへの付加反応を利用する。それぞれの反応は連続的操作で行える。

a) $CH_3CH_2CH_2Br \xrightarrow{Mg/THF} CH_3CH_2CH_2MgBr \xrightarrow{CH_2=O} CH_3CH_2CH_2CH_2OMgBr \xrightarrow{H_3O^\oplus} CH_3CH_2CH_2CH_2OH$ **(A)**

b) $CH_3CH_2CH_2Br \xrightarrow{Mg/THF} CH_3CH_2CH_2MgBr \xrightarrow{\text{エポキシド}} CH_3CH_2CH_2CH_2CH_2OMgBr \xrightarrow{H_3O^\oplus} CH_3CH_2CH_2CH_2CH_2OH$ **(B)**

c) $CH_3CH_2CH_2Br \xrightarrow{Mg/THF} CH_3CH_2CH_2MgBr \xrightarrow{HCO_2C_2H_5} (CH_3CH_2CH_2)_2CHOMgBr \xrightarrow{H_3O^\oplus} (CH_3CH_2CH_2)_2CHOH$ **(C)**

d) $CH_3CH_2CH_2Br \xrightarrow{Mg/THF} CH_3CH_2CH_2MgBr \xrightarrow{(CH_3O)_2C=O} (CH_3CH_2CH_2)_3COMgBr \xrightarrow{H_3O^\oplus} (CH_3CH_2CH_2)_3COH$ **(D)**

e) $CH_3CH_2CH_2Br \xrightarrow{Mg/THF} CH_3CH_2CH_2MgBr \xrightarrow{CH_3CH_2CN} CH_3CH_2CH_2-\underset{NMgBr}{C}-CH_2CH_3$

$\xrightarrow[(-NH_4^\oplus)]{H_3O^\oplus} CH_3CH_2CH_2-\underset{O}{C}-CH_2CH_3$ **(E)**

問 2-44

芳香族ジアゾニウム塩の反応で、**A** の塩素化、**B** の臭素化、および **C** のシアノ化は Sandmeyer 反応、**D** のヨウ素化は Griess 反応、**E** のフッ素化は Schiemann 反応、**F** は加水分解、**G** は還元反応。

A CH₃-C₆H₄-Cl　**B** CH₃-C₆H₄-Br　**C** CH₃-C₆H₄-CN

D CH₃-C₆H₄-I　**E** CH₃-C₆H₄-F　**F** CH₃-C₆H₄-OH　**G** CH₃-C₆H₅

解 答

問 2-45

A Baeyer–Villiger 酸化反応で、電子密度の高い t-ブチル基が転位する。
B 濃硫酸による脱水反応で置換基の多いアルケンを生成する（Zaitsev 則）。
C Chugaev 反応で syn-脱離反応。
D S_N1 反応で、ベンゼン環による隣接基関与が生じてラセミ体のエステルを生成する。
E Claisen 縮合反応。
F E2 脱離反応で $anti$-periplanar 脱離反応。
G Birch 還元反応、電子供与性の MeO 付根は還元されない。
H Birch 還元反応、電子求引性のエステル付根は還元される。

I　Arndt-Eistert 転位反応で、転位基は立体保持である。
J　Cannizzaro 反応で、ホルムアルデヒドが還元剤となる。
K　Beckmann 転位反応で、*anti* 転位であり、転位基は立体保持である。
L　Baeyer-Villiger 酸化反応で、電子密度の高い転位基は立体保持で転位する。
M　分子内アルドール縮合反応。
N　分子内の S_N2 型反応で臭素原子が結合した炭素原子上で反転する。
O　Hofmann 転位反応で 1 炭素減少した第一級アミンを生成する。
P　Cope 転位反応。
Q　分子内 Friedel-Crafts アシル化反応。
R　Curtius 転位反応で、転位基の立体は保持される。

問 2-46

A　*trans*-2-ブテンへの臭素の付加反応（2 段階反応）でトランス付加し、メソ体を生成する。
B　*cis*-2-ブテンへの臭素の付加反応（2 段階反応）でトランス付加し、ラセミ体を生成する。
C　n-C_4H_9Li はハードな求核剤なので、カルボニル基へ 1,2-付加する。
D　(n-C_4H_9)$_2$CuLi はソフトな求核剤なので、α,β-不飽和ケトンに 1,4-付加する。
E　($4\pi + 2\pi$) の Diels-Alder 付加環化反応で 1 段階反応。

解　答

F ：CCl$_2$ によるアルケンへの求電子的付加環化反応で 1 段階反応。
G ピナコール・ピナコロン（Wagner-Meerwein）転位反応で、水酸基の脱離とメチル基の 1,2-転位は anti- periplanar で生じる。
H Horner-Emmons 反応で、安定な trans-α,β-不飽和エステルやケトンの合成。

問 2-47

A 分子内の Fischer エステル合成反応。
B Beckmann 転位反応で、anti-転位反応。
C hydroboration-oxidation によるアルコールの生成で、hydroboration はシス付加、oxidation は転位基が立体保持で、結果的に anti-Markovnikov 型で水が付加したものとなる。
D E2 反応で、H と Br は anti-periplanar で脱離する。
E Fridel-Crafts アシル化反応、CH$_3$O は o-, p-配向で、主に p-位がアシル化される。
F Hofmann 転位反応で、転位基の立体は保持されて第一級アミンを生成する。
G 活性を抑えた Lindlar 触媒による水素付加で cis-アルケンとなる。cis-アルケンに臭素が 2 段階反応でトランス付加する。

H　Michael付加反応、カルボン酸への酸加水分解、生じた1,1-ジカルボン酸の熱による脱炭酸で1,5-ジカルボン酸を生成する。
I　Birch還元反応で1,4-シクロヘキサジエンを生成し、電子供与性のCH₃O付根は二重結合が残るため、酸加水分解で非共役ケトンを生成する。

問 2-48

A　ニトロ基は電子求引基なので、m-位がニトロ化される。
B　Baeyer-Villiger酸化反応で、環状ケトンからラクトンを生成する。転位基は立体保持。
C　O-Ts体の$C_2H_5O^-$によるE2脱離反応で、*anti*-periplanar脱離である。

解　答

D　Stork エナミン反応で、ケトンのα-位を選択的にモノメチル化する。
E　S_N2 反応で、立体障害の少ない末端エポキシド炭素を求核攻撃する。
F　Claisen 転位反応であり、[3,3] シグマトロピー転位反応で、不可逆的にエステルを生成する。
G　1,2-ジオールの酸化的 C-C 切断反応で、Pb^{4+} を含む 5 員環状中間体を経る。
H　Paal-Knorr ピロール合成反応で、1,4-ジケトンとアンモニアの反応から縮合反応により、ピロールを生成する。
I　Lewis 酸である $Hg(OAc)_2$ を用いたアルキンへの水の付加反応で、末端アルキンからメチルケトンを生成する。
J　Hofmann 分解反応で、第四級アンモニウム塩から置換基の少ないアルケンを生成する。
K, L　6π 系の電子環状反応で、熱反応では HOMO が逆旋的に環化し、光反応では LUMO が同旋的に環化する。
M, N　ベンゾシクロブテンはシクロブテン環で 4π 系の電子環状反応が生じ、熱反応では HOMO が同旋的に開環して 1,3-ジエンとなり、アルキンと Diels-Alder 反応して環化し、光反応では LUMO が逆旋的に開環して 1,3-ジエンとなり、アルキンと Diels-Alder 反応して環化する。

問 2-49

a) プロピオン酸メチルに PhMgBr を等量反応させた場合、アセトフェノンを中間体として生じるが、アセトフェノンはプロピオン酸メチルより PhMgBr との反応性が高いため、約半量の第三級アルコール $Ph_2(C_2H_5)COH$ と約半量のプロピオン酸メチルが回収される。

$$CH_3CH_2-\overset{O}{\underset{\|}{C}}-OCH_3 + PhMgBr \longrightarrow CH_3CH_2-\underset{Ph}{\overset{O-MgBr}{\underset{|}{C}}}-OCH_3 \longrightarrow$$

$$CH_3CH_2-\overset{O}{\underset{\|}{C}}-Ph + PhMgBr \xrightarrow{速い} CH_3CH_2-\underset{Ph}{\overset{O-MgBr}{\underset{|}{C}}}-Ph \xrightarrow{H_3O^\oplus} CH_3CH_2-\underset{Ph}{\overset{OH}{\underset{|}{C}}}-Ph$$
(CH_3OMgBr)

b) プロピオニトリル（CH_3CH_2CN）に 1 当量の PhMgBr を反応させ、付加したイミノ Mg 塩を酸加水分解する。あるいは、Weinreb アミドに 1 当量の PhMgBr を

反応させ，キレーションで付加体を安定化させてから，ケトンに加水分解する．

$$CH_3CH_2CN + PhMgBr \longrightarrow \underset{\underset{\ominus}{N-MgBr}}{CH_3CH_2-C-Ph} \xrightarrow[(-NH_4^{\oplus})]{H_3O^{\oplus}} CH_3CH_2-\underset{\underset{O}{\|}}{C}-Ph$$

あるいは，

$$\underset{\underset{OCH_3}{\underset{|}{N-CH_3}}}{CH_3CH_2-\overset{O}{\overset{\|}{C}}} + PhMgBr \longrightarrow \underset{\underset{OCH_3}{\underset{|}{CH_3}}}{CH_3CH_2-\overset{Ph}{\overset{|}{\underset{|}{C}}}-\overset{O}{\underset{|}{\underset{|}{N}}}-MgBr} \xrightarrow{H_3O^{\oplus}} CH_3CH_2-\underset{\underset{O}{\|}}{C}-Ph$$

問 2-50
メチルオレンジは pH が 3 以下になると，アゾ基がプロトン化されてキノイド構造と

メチルオレンジ

$^{\ominus}O_3S-\text{C}_6\text{H}_4-N=N-\text{C}_6\text{H}_4-N(CH_3)_2$ pH ≥ 4   橙黄色

$\updownarrow H^{\oplus}$

$^{\ominus}O_3S-\text{C}_6\text{H}_4-\underset{H^{\oplus}}{N=N}-\text{C}_6\text{H}_4-N(CH_3)_2$ ⟷ $^{\ominus}O_3S-\text{C}_6\text{H}_4-NH-N=\text{C}_6\text{H}_4=N^{\oplus}(CH_3)_2$

pH ≤ 3   赤色

フェノールフタレイン

(構造式)   pH ≤ 8   無色

$\updownarrow OH^{\ominus}$

(構造式) ⟶ (構造式) ⟷ (構造式)

pH ≥ 9   赤色

なり、赤く変色する。フェノールフタレインはpHが9以上になると、フェノール性プロトンが引抜かれ、キノイド構造となり共役系が長くなり、赤く発色する。

第3章 重要な有機人名反応

反応生成物と反応機構

目 標

第3章では、有機反応において重要な置換反応、付加反応、酸化反応、還元反応、縮合反応、転位反応、ラジカル反応、およびペリ環状反応などの人名反応とその反応機構について演習を通して学ぶ。

例 題

次に示した反応の主生成物と反応機構を示しなさい。 A

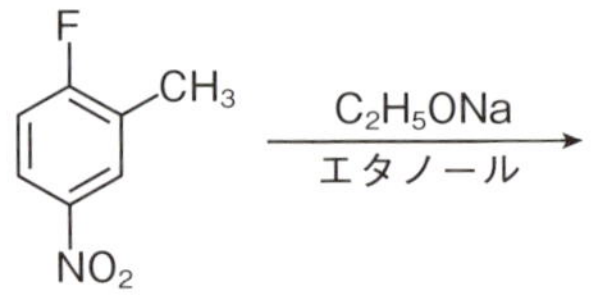

$$\text{2-fluoro-methyl-nitrobenzene} \xrightarrow[\text{エタノール}]{C_2H_5ONa}$$

解 答 例

(生成物: 2-エトキシ-メチル-ニトロベンゼン)

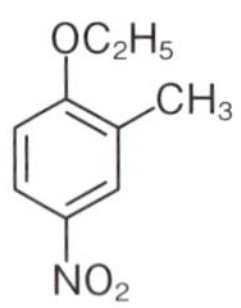

通常の芳香族ハロゲン化物の反応は、ほとんどが芳香族求電子置換反応($S_E Ar$)で進行する。つまり、電子密度の高い芳香環上では求核置換反応は生じない。しかし、ニトロ基のような強力な電子求引基が芳香環に置換されると、付加-脱離の2段階反応で芳香族求核置換反応($S_N Ar$)が進行する。これは、ニト

反応機構:

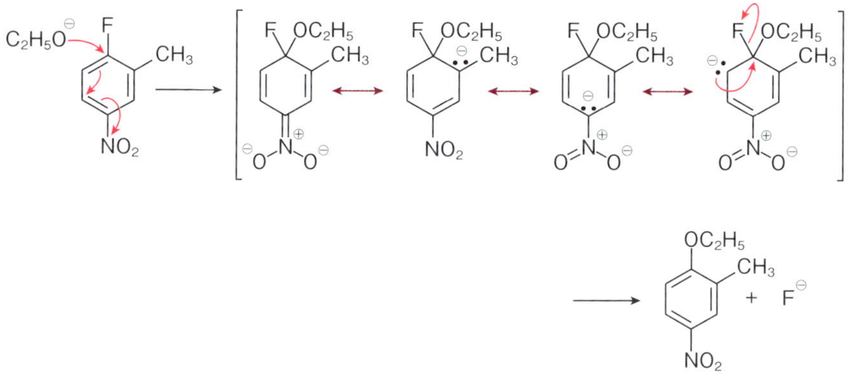

[反応機構の図: $C_2H_5O^-$ が 1-フルオロ-2-メチル-4-ニトロベンゼンに求核攻撃し、Meisenheimer 錯体の共鳴構造を経て、F^- が脱離して 1-エトキシ-2-メチル-4-ニトロベンゼンを生成する]

ロ基の強い電子求引効果により、中間体のアニオン付加体（Meisenheimer 錯体）が安定化されるためである。

3.1　求核置換反応

問 3-1　次に示した反応の主生成物と反応機構を示しなさい。A

[反応式: 4-メチルベンジルブロミド + $P(OCH_3)_3$、加熱]

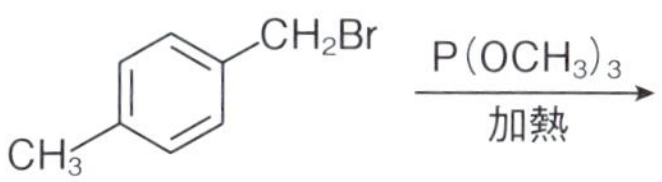

問 3-2　次に示した反応の主生成物と反応機構を示しなさい。A

[反応式: 4-メチルベンジルブロミド + 1) フタルイミドカリウム (NK)、2) aq. NaOH（あるいは NH_2NH_2）]

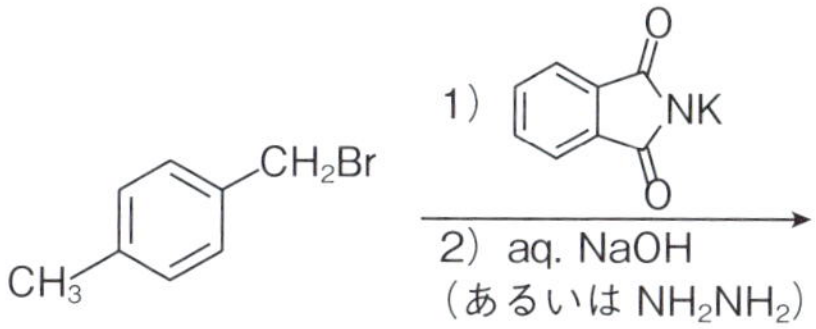

問 3-3 次に示した反応の主生成物と反応機構を示しなさい。A

CH₃CH=CHCH₂CH₂OH $\xrightarrow{\text{Ph}_3\text{P, CBr}_4}$

問 3-4 次に示した反応の主生成物と反応機構を示しなさい。B

(3-methyl, 1-hydroxy cyclopentane, trans) $\xrightarrow{(\text{C}_2\text{H}_5)_2\text{NSF}_3}$

問 3-5 次に示した反応の主生成物と反応機構を示しなさい。A

3-bromo-4-methylbenzoic acid $\xrightarrow[\text{CH}_3\text{OH}]{\text{H}_2\text{SO}_4}$

問 3-6 次に示した反応の主生成物と反応機構を示しなさい。B

[substrate with HO, HO₂C, tetrahydropyran ring, alkene side chain] + 2,4,6-trichlorobenzoyl chloride, Et₃N, 4-(dimethylamino)pyridine →

問 3-7 次に示した反応の主生成物と反応機構を示しなさい。A

$\text{CH}_3\text{CH}_2\text{CO}_2\text{H} \xrightarrow{\text{PBr}_3, \text{Br}_2}$

問 3-8 次に示した反応の主生成物と反応機構を示しなさい。B

(3-hydroxytetrahydrofuran) + $\text{CH}_3\text{CH}_2\text{CO}_2\text{H}$ $\xrightarrow{\text{DEAD, Ph}_3\text{P}}$

DEAD：$\text{C}_2\text{H}_5\text{O}_2\text{C}-\text{N}=\text{N}-\text{CO}_2\text{C}_2\text{H}_5$

3.2 酸化反応　アルコールや炭素・炭素二重結合の酸化

問 3-9　次に示した反応の主生成物と反応機構を示しなさい。 B

（cis-デカリン-4a,8a-ジオール） → Pb(OAc)₄

問 3-10　次に示した反応の主生成物と反応機構を示しなさい。 B

（アセトニド保護シクロヘキサン-CH₂OH） → AcO–I(OAc)₂（Dess–Martin試薬）

問 3-11　次に示した反応の主生成物と反応機構を示しなさい。 B

（trans-4-ヒドロキシシクロヘキサンカルボン酸メチル） → Al(OPr-i)₃ / アセトン

問 3-12　次に示した反応の主生成物と反応機構を示しなさい。 B

（trans-2-フェニル-3-(ヒドロキシメチル)オキシラン） → CH₃–S(=O)–CH₃, (COCl)₂ / Et₃N / CH₂Cl₂

問 3-13　次に示した反応の主生成物と反応機構を示しなさい。 A

（4-イソプロピリデン-1-アセトキシシクロヘキサン）→ 1) O₃, −78 ℃　2) Zn, H₂O

問 3-14 次に示した反応の主生成物と反応機構を示しなさい。 B

1-メチルシクロヘキセン　→　1) B$_2$H$_6$（あるいは BH$_3$・THF）
2) H$_2$O$_2$, aq. NaOH

問 3-15 次に示した反応の主生成物と反応機構を示しなさい。 B

ゲラニオール　→　D-(−)-ジエチル酒石酸
Ti(OPr-i)$_4$, t-BuOOH

問 3-16 次に示した反応の主生成物と反応機構を示しなさい。 B

(CH$_3$)(OAc)CH-CH=CH$_2$　→　O$_2$, CuCl$_2$（触媒）
PdCl$_2$（触媒）

問 3-17 次に示した反応の主生成物と反応機構を示しなさい。 B

CH$_3$O-C$_6$H$_4$-CH$_2$O-CH$_2$-CH=CH-CH$_2$-OAc　→　DDQ
アセトニトリル，水

DDQ： 2,3-ジクロロ-5,6-ジシアノ-1,4-ベンゾキノン

3.3 還元反応　アルデヒド、ケトン、およびエステルの還元

問 3-18　次に示した反応の主生成物と反応機構を示しなさい。[B]

6-フルオロクロマン-4-オン　—Zn–Hg, HCl→

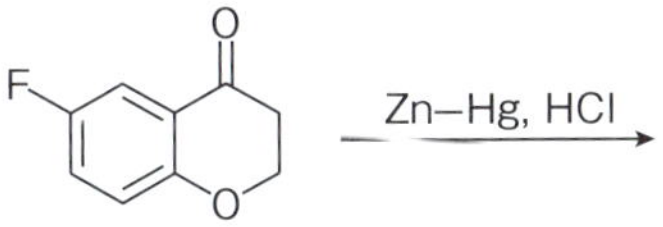

問 3-19　次に示した反応の主生成物と反応機構を示しなさい。[B]

(E)-4-フェニル-3-ブテン-2-オン　—Al(OPr-i)₃ / i-PrOH→

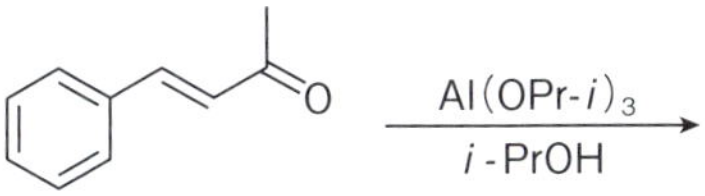

問 3-20　次に示した反応の主生成物と反応機構を示しなさい。[B]

3-ベンゾイルプロパン酸　—KOH, NH₂NH₂ / エチレングリコール→

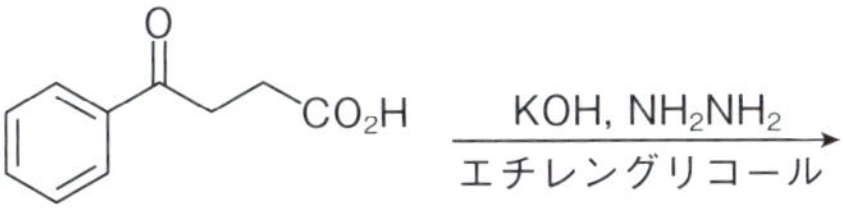

問 3-21　次に示した反応の主生成物と反応機構を示しなさい。[B]

2,2-ジメチル-1,3-ジオキソラン-4-カルバルデヒド　+　1-アミノ-2-プロパノール　—NaBH₃CN / CH₃CN, CH₃CO₂H→

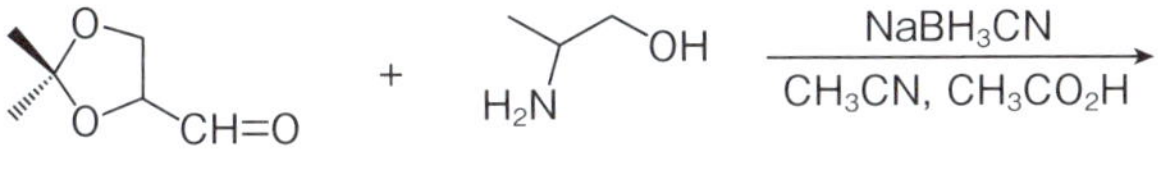

問 3-22　次に示した反応の主生成物と反応機構を示しなさい。[B]

アセトフェノン　—NH₃ / HCO₂H→

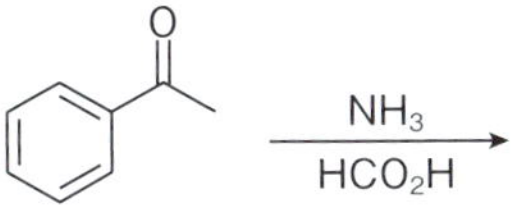

問 3-23 次に示した反応の主生成物と反応機構を示しなさい。 B

$$CH_3\text{-}C_6H_4\text{-}NH_2 \xrightarrow[HCO_2H]{CH_2=O}$$

問 3-24 次に示した反応の主生成物と反応機構を示しなさい。 B

$$CH_3O\text{-}C_6H_4\text{-}CH_2\text{-}O\text{-}CH_2\text{-}CH(CH_3)\text{-}CO_2CH_3 \xrightarrow[\text{2) 中和}]{\text{1) }i\text{-Bu}_2\text{AlH (1当量)}\ -78\,^\circ\text{C}}$$

3.4 脱離反応　アルケン類の生成

問 3-25 次に示した反応の主生成物と反応機構を示しなさい。 B

(cis-2,5-dimethylcyclopentan-1-ol) $\xrightarrow[\text{3) 加熱}]{\text{1) KOH, CS}_2\ \text{2) CH}_3\text{I}}$

問 3-26 次に示した反応の主生成物と反応機構を示しなさい。 B

(2,5-dimethylcyclohexyl-N(CH$_3$)$_2\to$O) $\xrightarrow{\text{加熱}}$

問 3-27 次に示した反応の主生成物と反応機構を示しなさい。 B

(1-methyl-1-(trimethylammonio)cyclopentane, $^{\ominus}$OH) $\xrightarrow{\text{加熱}}$

3.4 脱離反応

問 3-28 次に示した反応の主生成物と反応機構を示しなさい。**B**

[構造: 1,5-dioxaspiro環にSO₂を含む化合物] $\xrightarrow{\text{KOH, CCl}_4 \\ \text{H}_2\text{O}}$

問 3-29 次に示した反応の主生成物と反応機構を示しなさい。**B**

$\text{CH}_3\text{CH(OH)CH(OH)CH}_3$ $\xrightarrow{\text{1) } \text{Im-C(=S)-Im} \\ \text{2) P(OCH}_3)_3}$

問 3-30 次に示した反応の主生成物と反応機構を示しなさい。**B**

[シクロヘキサン環: TsO, CH₃, CH₃, OH, OH 置換] $\xrightarrow{\text{NaH}}$

問 3-31 次に示した反応の主生成物と反応機構を示しなさい。**B**

[デカリン系ケトン、ジオキソラン保護、CH₃置換] $\xrightarrow{\text{1) TsNHNH}_2 \\ \text{2) LDA} \\ \text{3) D}_2\text{O}}$

LDA = $i\text{-Pr}_2\text{N}{:}^{\ominus}\text{Li}^{\oplus}$

問 3-32 次に示した反応の主生成物と反応機構を示しなさい。**B**

$\text{C}_6\text{H}_5\text{CH=CHCHO}$ + $\text{Ph}_3\overset{\oplus}{\text{P}}-\text{CH}_2-\text{C}_6\text{H}_5$ $\xrightarrow{\text{CH}_3\text{CH}_2\text{ONa}}$

問 3-33 次に示した反応の主生成物と反応機構を示しなさい。**B**

[2,6,6-トリメチルシクロヘキセニル基を持つα,β-不飽和アルデヒド] + $(\text{C}_2\text{H}_5\text{O})_2\overset{\text{O}}{\underset{\|}{\text{P}}}-\text{CH}_2\text{CO}_2\text{C}_2\text{H}_5$ $\xrightarrow{\text{C}_2\text{H}_5\text{ONa}}$

問 3-34　次に示した反応の主生成物と反応機構を示しなさい。　C

(テトラヒドロピラン-2-イル メチルケトン) + (2-(チアゾール-4-イルメチルスルホニル)ベンゾチアゾール) $\xrightarrow{\text{NaN(TMS)}_2}$

TMS = $(CH_3)_3Si$

問 3-35　次に示した反応の主生成物と反応機構を示しなさい。　C

(2,2-ジメチル-1,3-ジオキサン誘導体)-CH=O $\xrightarrow{\begin{array}{l}1)\ Ph_3P,\ CBr_4\\2)\ n\text{-BuLi}\\3)\ CH_3I\end{array}}$

問 3-36　次に示した反応の主生成物と反応機構を示しなさい。　C

$CH_3\text{-CO-}(CH_2)_3\text{-CO-}CH_3$ $\xrightarrow{\text{Zn, TiCl}_4}$

3.5　アルデヒドやエステルの反応

問 3-37　次に示した反応の主生成物と反応機構を示しなさい。　B

(1-メトキシ-1-フェニルプロペン) $\xrightarrow{\text{Zn-Cu, CH}_2I_2}$

問 3-38　次に示した反応の主生成物と反応機構を示しなさい。　B

$C_6H_5\text{-CH=O}$ + $CH_2=CH\text{-}CO_2C_2H_5$ $\xrightarrow{\text{DABCO}}$

3.5 アルデヒドやエステルの反応

問 3-39 次に示した反応の主生成物と反応機構を示しなさい。 **B**

CH₃CH=CHCH₂CH₂CH=O $\xrightarrow{\text{CH}_3\text{NO}_2, \text{AcONa}}$

問 3-40 次に示した反応の主生成物と反応機構を示しなさい。 **B**

Cl-C₆H₄-CH=O $\xrightarrow{\text{NaCN}}$

問 3-41 次に示した反応の主生成物と反応機構を示しなさい。 **B**

(3-acetylindole) $\xrightarrow{\text{aq. CH}_2=\text{O}, \text{Et}_2\text{NH}}$

問 3-42 次に示した反応の主生成物と反応機構を示しなさい。 **B**

cyclohexanone + CH₂=CHCOCH₃ $\xrightarrow{\text{C}_2\text{H}_5\text{ONa}}$

問 3-43 次に示した反応の主生成物と反応機構を示しなさい。 **B**

CH₃O₂C(CH₂)₃CO₂CH₃ $\xrightarrow{\text{1) Na, TMSCl} \quad \text{2) H}_3\text{O}^\oplus (\text{中和})}$

TMS = (CH₃)₃Si

問 3-44 次に示した反応の主生成物と反応機構を示しなさい。 **B**

Cl-C₆H₄-CH=O $\xrightarrow{\text{1) (CH}_3\text{CO)}_2\text{O}, \text{CH}_3\text{CO}_2\text{Na} \quad \text{2) H}_2\text{O}}$

問 3-45　次に示した反応の主生成物と反応機構を示しなさい。 B

Ph-CO-Ph + CH(CH₂CO₂C₂H₅)₂ / C₂H₅ONa →

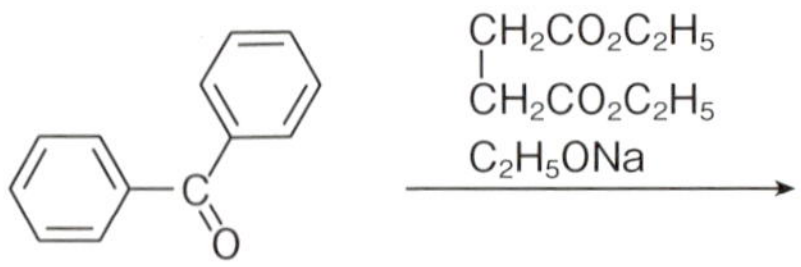

問 3-46　次に示した反応の主生成物と反応機構を示しなさい。 B

4-CH₃O-C₆H₄-CHO + aq. KOH, CH₂=O →

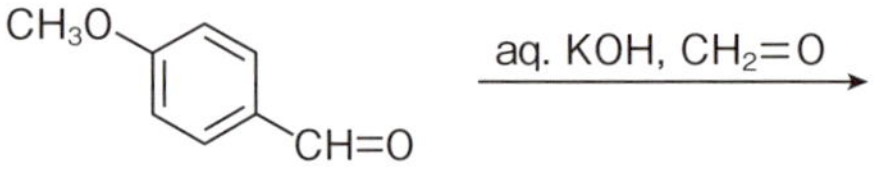

3.6　転位反応

問 3-47　次に示した反応の主生成物と反応機構を示しなさい。 B

t-Bu-O-CO-NH-CH(C₂H₅)-CO₂H
1) ClCO₂C₂H₅, Et₃N
2) CH₂N₂, CH₃CO₂Ag
3) H₂O
→

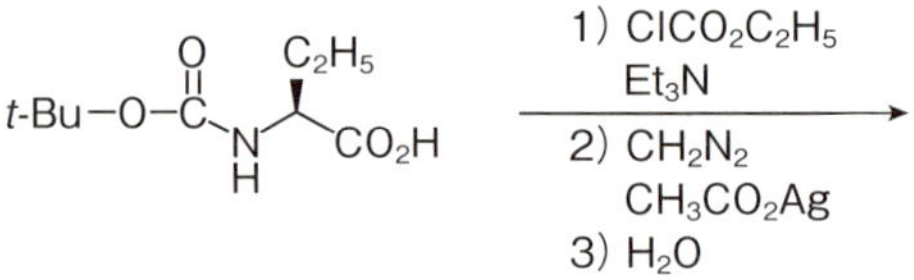

問 3-48　次に示した反応の主生成物と反応機構を示しなさい。 B

2-ブロモ-4,4-ジメチルシクロヘキサノン + CH₃ONa / メタノール →

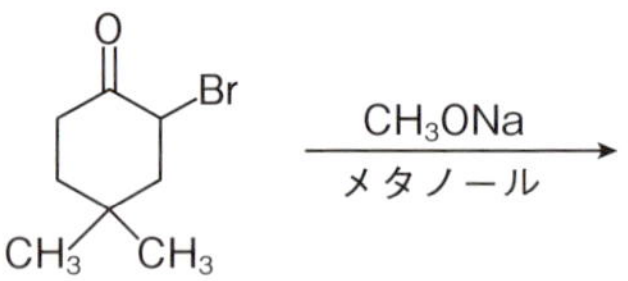

問 3-49　次に示した反応の主生成物と反応機構を示しなさい。 B

(ジオール: CH₃-CH(OH)-C(OH)(C₂H₅)(Ph)) + CH₃SO₂Cl (1当量) / Et₃N →

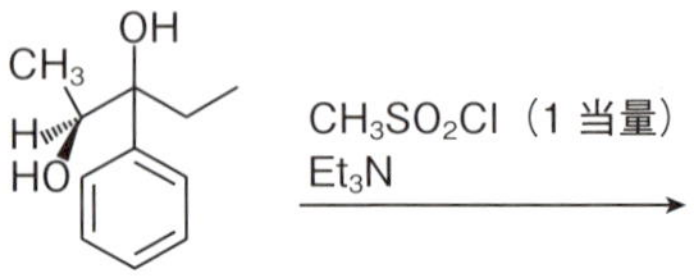

3.6 転位反応

問 3-50 次に示した反応の主生成物と反応機構を示しなさい。[B]

CH₃-C₆H₄-S(=O)-CH₃　→（(CH₃CO)₂O，加熱）

問 3-51 次に示した反応の主生成物と反応機構を示しなさい。[B]

2,2-ジメチル-1-オキサスピロ[2.3]ヘキサン　→（Et₂AlCl）

問 3-52 次に示した反応の主生成物と反応機構を示しなさい。[B]

CH₃-C₆H₄-C(=O)-CHN₂　→（hν（光照射），CH₃OH）

問 3-53 次に示した反応の主生成物と反応機構を示しなさい。[B]

(4-CH₃O-C₆H₄)(C₆H₅)C=CH(Br)　→（n-BuLi）

問 3-54 次に示した反応の主生成物と反応機構を示しなさい。[B]

2-アミノ-4'-ニトロジフェニルエーテル　→（KOH）

問 3-55 次に示した反応の主生成物と反応機構を示しなさい。[B]

(CH₃)(CH(CH₃)C₂H₅)C=N-OH　→（1) TsCl, Et₃N　2) H₂O）

問 3-56 次に示した反応の主生成物と反応機構を示しなさい。[B]

4-メチルテトラヒドロフラン-2-カルボン酸　→（1) (COCl)₂　2) NaN₃　3) 加熱）

問 3-57 次に示した反応の主生成物と反応機構を示しなさい。 B

3-ブロモ-5-メチルベンズアミド + Br$_2$, aq. NaOH →

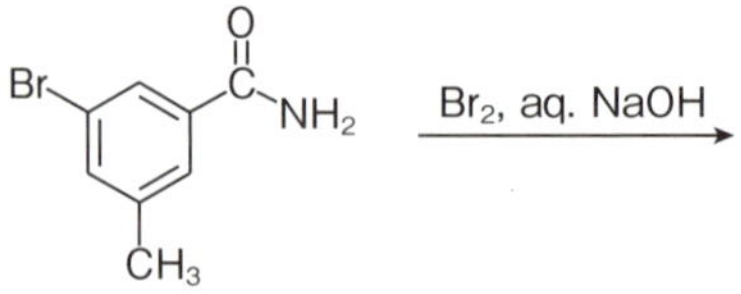

問 3-58 次に示した反応の主生成物と反応機構を示しなさい。 B

(ケトン基質) + mCPBA →

mCPBA = 3-クロロ過安息香酸

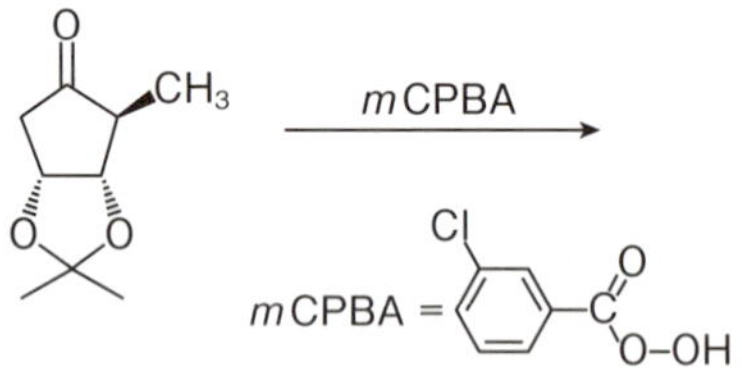

問 3-59 次に示した反応の主生成物と反応機構を示しなさい。 C

(ヒドロペルオキシド基質)
1) CH$_3$SO$_2$Cl, Et$_3$N
2) Ac$_2$O, H$_2$O
→

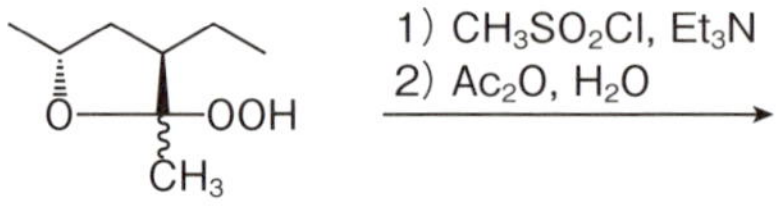

問 3-60 次に示した反応の主生成物と反応機構を示しなさい。 C

バニリン + H$_2$O$_2$ / aq. NaOH →

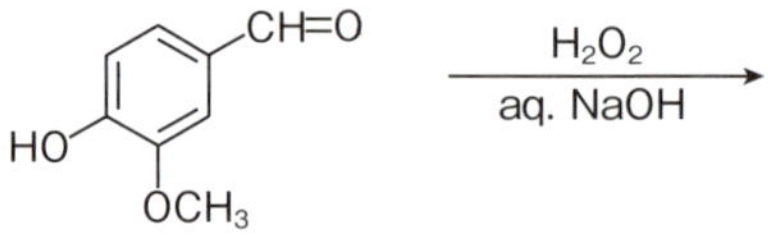

問 3-61 次に示した反応の主生成物と反応機構を示しなさい。 C

(アンモニウム塩) + n-BuLi →

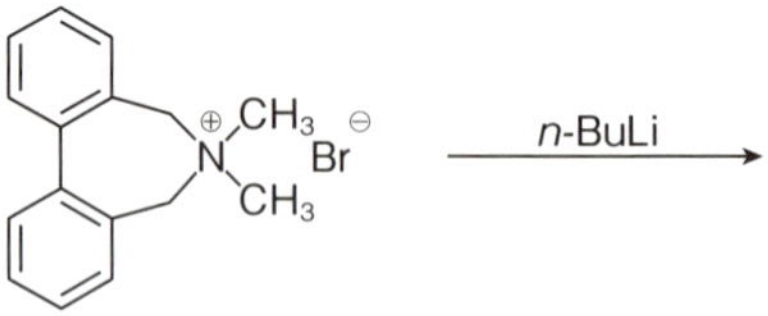

3.7 金属を用いたカップリング反応

問 3-62 次に示した反応の主生成物と反応機構を示しなさい。 B

$$HC\equiv C-CH_2CH_2CH_2CO_2CH_3 \xrightarrow[\text{ピリジン}]{\text{CuCl, O}_2}$$

問 3-63 次に示した反応の主生成物と反応機構を示しなさい。 B

4-メトキシフェニル ビニル ケトン + 4-ブロモトルエン $\xrightarrow[\text{(あるいはPd(Ph}_3\text{P)}_4\text{, Et}_3\text{N)}]{\text{Et}_3\text{N, Pd(OAc)}_2\text{, Ph}_3\text{P}}$

問 3-64 次に示した反応の主生成物と反応機構を示しなさい。 B

CH_3O-C$_6$H$_4$-C≡CH + シクロヘキセン $\xrightarrow{\text{Co}_2\text{(CO)}_8}$

問 3-65 次に示した反応の主生成物と反応機構を示しなさい。 B

(ジメトキシ基を持つジエン化合物) $\xrightarrow{\text{M=CH}_2}$

M=CH$_2$ = 第二世代 Grubbs 触媒（メシチル基を持つN-複素環カルベン配位子、Cl$_2$Ru=CHPh、PCy$_3$配位子）

問 3-66 次に示した反応の主生成物と反応機構を示しなさい。 B

5-ヨードウリジン誘導体 + HC≡C-C$_6$H$_4$-OCH$_3$ $\xrightarrow{\text{CuI, Et}_3\text{N, PdCl}_2\text{(Ph}_3\text{P)}_2}$

問 3-67　次に示した反応の主生成物と反応機構を示しなさい。 B

ピリジン-3-B(OH)₂ + I-CH=CH-CH(OAc)-CH₂OAc　$\xrightarrow{\text{K}_2\text{CO}_3,\ \text{PdCl}_2(\text{Ph}_3\text{P})_2}$
（あるいはPd(Ph₃P)₄, K₂CO₃）

問 3-68　次に示した反応の主生成物と反応機構を示しなさい。 B

2-ブロモ-4-メトキシベンズアルデヒド　$\xrightarrow{\text{Cu}}$

問 3-69　次に示した反応の主生成物と反応機構を示しなさい。 B

TsO-CH₂-CH(OCH₃)-CH₂-CO₂CH₃　$\xrightarrow{(n\text{-C}_4\text{H}_9)_2\text{CuLi}}$

3.8　芳香環の反応

問 3-70　次に示した反応の主生成物と反応機構を示しなさい。 A

4-メチルフェノール　$\xrightarrow[\text{H}_2\text{O}]{\text{K}_2\text{CO}_3,\ \text{CO}_2}$

問 3-71　次に示した反応の主生成物と反応機構を示しなさい。 B

N-アセチルチロシン　$\xrightarrow[\text{H}_2\text{O}]{\text{NaOH, CHCl}_3}$

問 3-72　次に示した反応の主生成物と反応機構を示しなさい。　B

1) POCl$_3$, DMF
2) H$_2$O

(1,3-ジメトキシベンゼン)

問 3-73　次に示した反応の主生成物と反応機構を示しなさい。　B

1) CsF, (フラン)
2) HCl

問 3-74　次に示した反応の主生成物と反応機構を示しなさい。　B

CO$_2$CH$_3$

Li, CH$_3$CH$_2$Br
liq. NH$_3$

3.9　複素環の形成反応

問 3-75　次に示した反応の主生成物と反応機構を示しなさい。　C

CH$_3$O-C$_6$H$_4$-NHNH$_2$ + CH$_3$-CO-C$_6$H$_5$ $\xrightarrow{\text{H}_2\text{SO}_4, \text{加熱}}$

問 3-76　次に示した反応の主生成物と反応機構を示しなさい。　C

o-(CH$_2$CH$_2$CH$_3$)C$_6$H$_4$-N$^+$≡C$^-$ $\xrightarrow{\text{LDA}}$

LDA = i-Pr$_2$N$^-$ Li$^+$

問 3-77 次に示した反応の主生成物と反応機構を示しなさい。 C

2-エチルアセトアニリド + NaNH₂ →

問 3-78 次に示した反応の主生成物と反応機構を示しなさい。 C

4-メチル-2-ブロモ-1-ニトロベンゼン + CH₂=CHMgBr (過剰) →

問 3-79 次に示した反応の主生成物と反応機構を示しなさい。 B

CH_3-C$_6$H$_4$-CO-CH$_2$Br + CH$_3$CH(=S)NH$_2$ $\xrightarrow{K_2CO_3}$

問 3-80 次に示した反応の主生成物と反応機構を示しなさい。 B

CH$_3$-CO-CH$_2$-CH$_2$-CO-C$_6$H$_5$ + CH$_3$CH$_2$NH$_2$ →

問 3-81 次に示した反応の主生成物と反応機構を示しなさい。 C

4-メトキシフェネチル-NH-CO-C$_2$H$_5$ $\xrightarrow{POCl_3}$

問 3-82 次に示した反応の主生成物と反応機構を示しなさい。 C

2,4-ジメチルフェネチルアミン + CH$_3$CH$_2$CH=O $\xrightarrow{HCl}$

問 3-83　次に示した反応の主生成物と反応機構を示しなさい。　C

問 3-84　次に示した反応の主生成物と反応機構を示しなさい。　C

3.10　ラジカル反応

問 3-85　次に示した反応の主生成物と反応機構を示しなさい。　C

問 3-86　次に示した反応の主生成物と反応機構を示しなさい。　C

問 3-87　次に示した反応の主生成物と反応機構を示しなさい。C

$$\text{AcO-}\underset{\underset{\text{OH}}{\text{AcO}}}{\overset{\text{OAc}}{\text{AcO}}}\text{-OAc} \xrightarrow[\text{2) Bu}_3\text{SnH, AIBN, 加熱}]{\text{1) Cl-C(=S)-OPh, 塩基}}$$

$$\text{AIBN} = \text{CH}_3\text{-C(CH}_3\text{)(CN)-N=N-C(CH}_3\text{)(CN)-CH}_3$$

問 3-88　次に示した反応の主生成物と反応機構を示しなさい。C

$$\text{Ph-(CH}_2)_4\text{-N(H)-CH}_3 \xrightarrow[\text{3) 中和}]{\text{1) NCS} \atop \text{2) H}_2\text{SO}_4, \text{加熱}}$$

NCS = N-クロロスクシンイミド (N-Cl)

問 3-89　次に示した反応の主生成物と反応機構を示しなさい。C

$$\text{3-CH}_3\text{-C}_6\text{H}_4\text{-CO}_2\text{CH}_3 \xrightarrow{\text{NBS, AIBN, 加熱}}$$

NBS = N-ブロモスクシンイミド (N-Br)

$$\text{AIBN} = \text{CH}_3\text{-C(CH}_3\text{)(CN)-N=N-C(CH}_3\text{)(CN)-CH}_3$$

3.11 ペリ位環状反応

問 3-90 次に示した反応の主生成物と反応機構を示しなさい。 C

[構造式: 1,2-ビス(メトキシカルボニルエチニル)-4-メチルベンゼン + 1,4-シクロヘキサジエン, 加熱]

問 3-91 次に示した反応の主生成物と反応機構を示しなさい。 C

[構造式: ビス(1-シクロヘキセニル)ケトン, H$_3$PO$_4$, 加熱]

問 3-92 次に示した反応の主生成物と反応機構を示しなさい。 C

[構造式: 2-ブテン + 2-シクロヘキセノン, hν]

問 3-93 次に示した反応の主生成物と反応機構を示しなさい。 C

[構造式: 1,2-ビス(アリルオキシ)-4,5-ジメチルベンゼン, 加熱]

問 3-94 次に示した反応の主生成物と反応機構を示しなさい。 B

[構造式: 3-メチル-1,5-ヘキサジエン-4-オール, 加熱]

問 3-95　次に示した反応の主生成物と反応機構を示しなさい。C

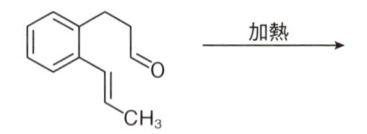

第3章 解答

問 3-1

Arbuzov 反応で、亜リン酸エステルによるハロゲン化アルキルへの S_N2 反応でアルキルホスホン酸エステルの合成反応。

反応機構:

$$RCH_2-Br + :P(OCH_3)_3 \xrightarrow{S_N2} RCH_2-\overset{\oplus}{P}(OCH_3)_3 \;\; Br^{\ominus} \xrightarrow{S_N2} RCH_2-P(=O)(OCH_3)_2 \;\; (CH_3Br)$$

生成物: 4-メチルベンジルホスホン酸ジメチル(CH_3-C_6H_4-CH_2-P(=O)(OCH_3)_2)

問 3-2

Gabriel 第一級アミン合成反応で、フタルイミドカリウム塩によるハロゲン化アルキルへの S_N2 反応で第一級アミンの合成反応。

生成物: 4-メチルベンジルアミン (CH_3-C_6H_4-CH_2NH_2)

反応機構: フタルイミドアニオン + $RCH_2-Br \xrightarrow{S_N2}$ N-アルキルフタルイミド $\xrightarrow{NaOH}$ 四面体中間体 $\rightarrow$ o-カルボキシベンズアミド $\xrightarrow{NaOH}$ RCH_2-NH_2 + フタル酸二ナトリウム塩

問 3-3

Appel ハロゲン化反応で、Ph_3P とハロゲン化合物を用いたアルコールのハロゲン化反応。X^- によるアルコキシホスホニウム塩 Ph_3P^+-O-C 結合の炭素原子への反応は S_N2 反応。

[構造式: CH₃-CH=CH-CH₂-Br]

反応機構:

$$Ph_3P + CBr_4 \longrightarrow Ph_3\overset{\oplus}{P}-Br \quad :\overset{\ominus}{C}Br_3$$

$$RCH_2-OH + Ph_3P-Br \quad :\overset{\ominus}{C}Br_3 \longrightarrow RCH_2-O-\overset{\oplus}{P}Ph_3 + HCBr_3$$
$$+ \overset{\ominus}{Br}$$

$$\xrightarrow{S_N2} RCH_2-Br \quad (Ph_3P=O)$$

問 3-4

Et_2NSF_3（DAST）による水酸基のフッ素化反応で、F^- による $O-C$ 結合の炭素原子への反応は S_N2 反応。

[構造式: メチルシクロペンタン-F]

反応機構:

$$RCH_2-OH + (C_2H_5)_2N-SF_3 \longrightarrow RCH_2-O-\underset{\underset{H}{\overset{\oplus}{N}(C_2H_5)}}{\overset{F}{\underset{|}{S}}}F$$
$$\overset{\ominus}{F}$$

$$\xrightarrow{S_N2} RCH_2-F \quad [(C_2H_5)_2NSOF, HF]$$

問 3-5

Fischer エステル合成反応で、濃硫酸などの酸触媒存在下でカルボン酸とアルコールからエステルの合成反応。中性条件下でエステル化する場合は、DCC（N,N'-dicyclohexylcarbodiimide）と DMAP（4-dimethylamino）pyridine を用いる。

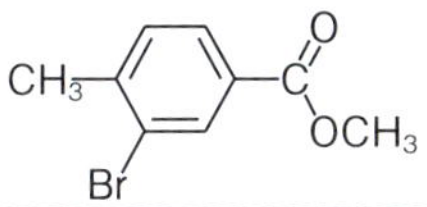

反応機構：

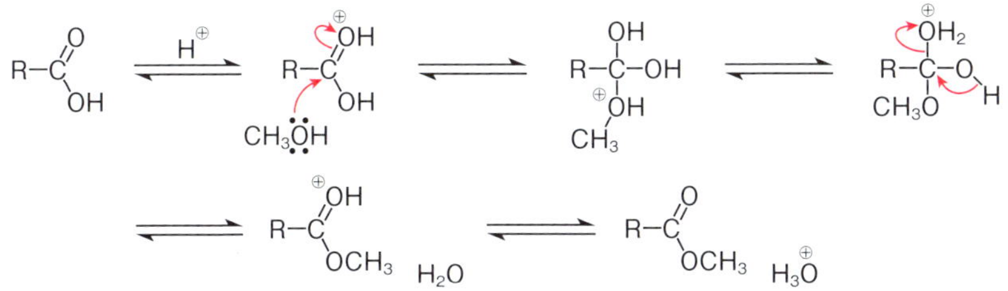

問 3-6

山口マクロラクトン化反応で、ヒドロキシカルボン酸と 2,4,6-$Cl_3C_6H_2COCl$ から混合カルボン酸無水物を経て、側鎖の水酸基が基質由来のカルボニル炭素と反応して中大環状ラクトンを生成。

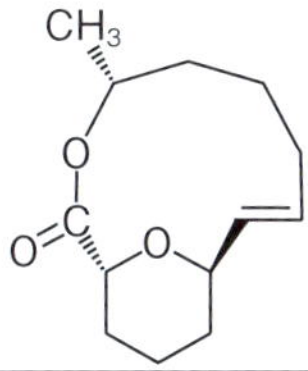

反応機構：

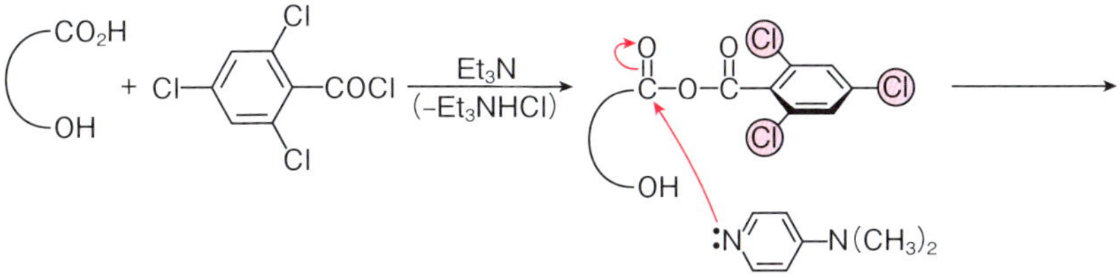

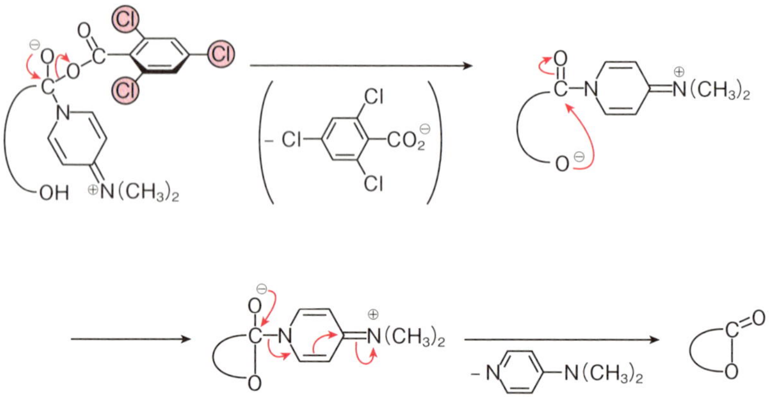

問 3-7

Hell-Volhard-Zelinskii 反応で、カルボン酸から α-ブロモカルボン酸を生成。

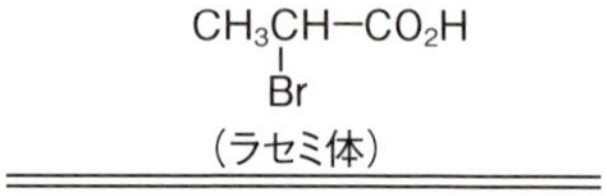

$$\text{CH}_3\text{CH}-\text{CO}_2\text{H} \quad | \quad \text{Br}$$
（ラセミ体）

反応機構：

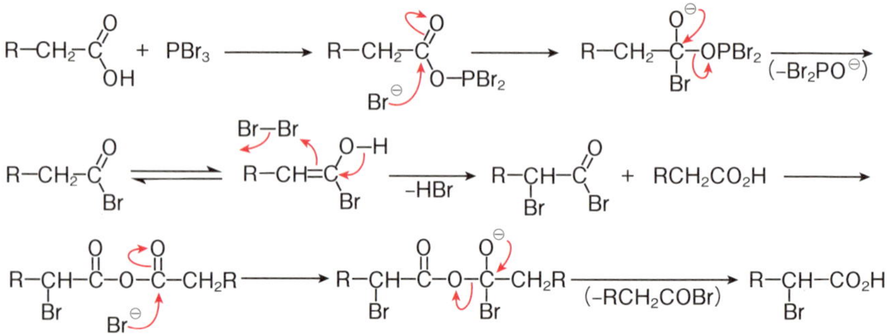

問 3-8

光延反応で、カルボン酸とアルコールからエステルの合成反応。カルボン酸アニオンによる Ph_3P^+-O-C 結合の炭素原子への反応は S_N2 反応のため、アルコールの α-炭素上で Walden 反転が生じる。

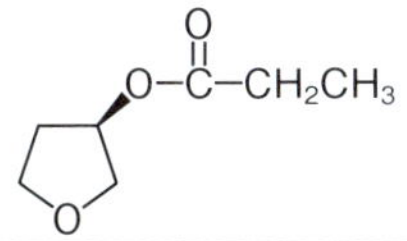

反応機構:

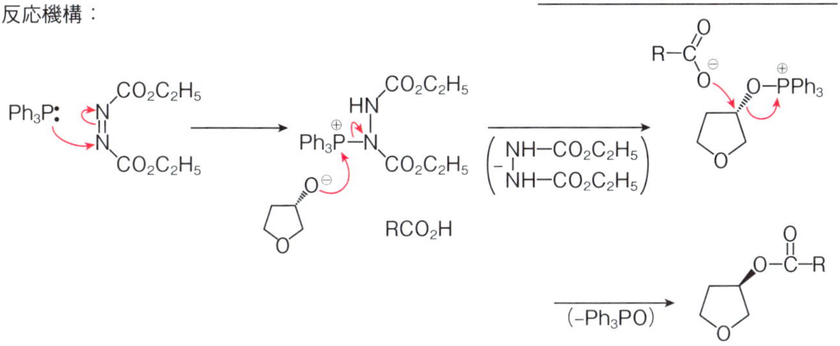

[反応機構の化学構造式: Ph₃P とジエチルアゾジカルボキシレートの反応、続いて RCO₂H とテトラヒドロフラン-3-オールから光延反応でエステル生成、(−Ph₃PO)]

問 3-9

Pb(OAc)₄ を用いた Criegee 酸化反応（有機溶媒）で 1,2-ジオールをケトンへ酸化的に切断する。NaIO₄ を用いた Malaprade 反応は水溶液で行う。

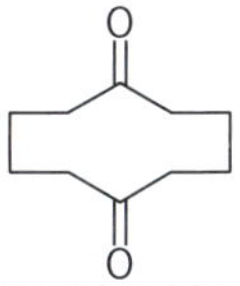

反応機構:

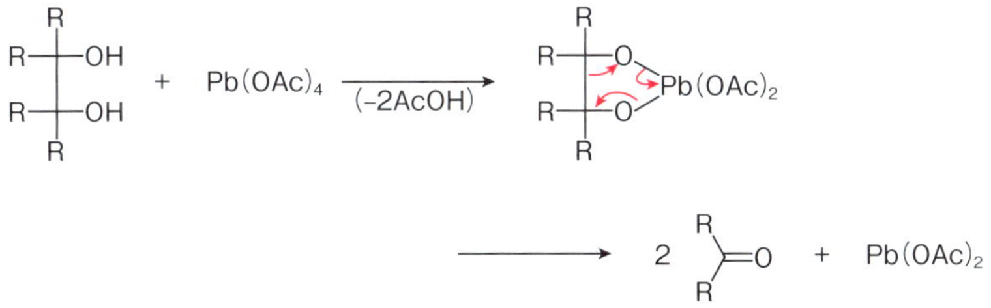

[1,2-ジオールと Pb(OAc)₄ の反応機構：環状中間体を経て 2 当量のケトンと Pb(OAc)₂ を生成]

問 3-10

Dess–Martin 酸化反応で、超原子価ヨウ素（V）によるアルコールのアルデヒドやケトンへの酸化反応。

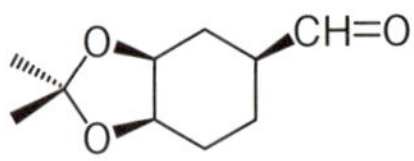

反応機構:

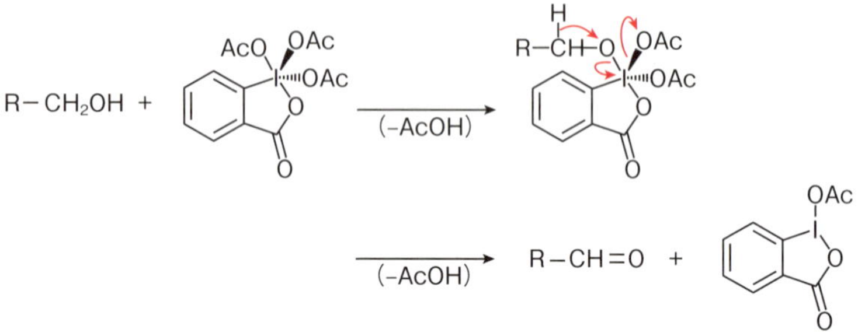

問 3-11
Oppenauer 酸化反応で、アセトン中で Al(OPr-i)$_3$ を用いたアルコールのケトンへの酸化反応。

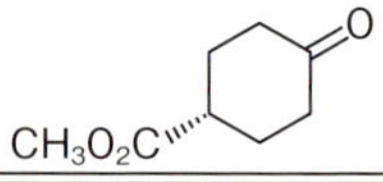

反応機構:

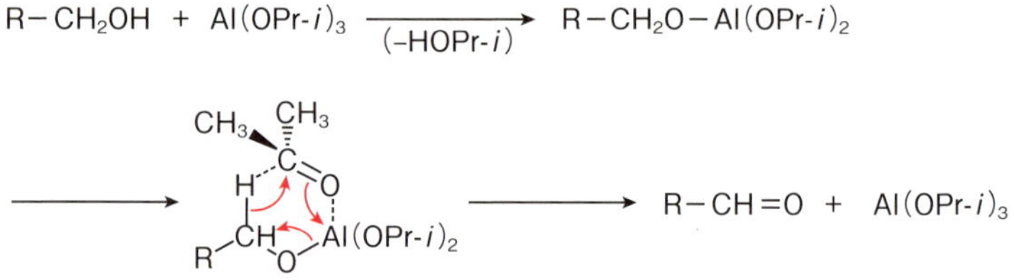

問 3-12
Swern 酸化反応で、DMSO と (COCl)$_2$ を用いたアルコールのアルデヒドやケトンへの酸化反応。

反応機構:

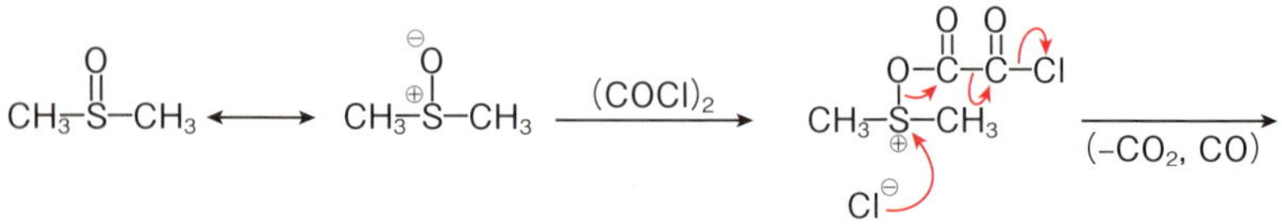

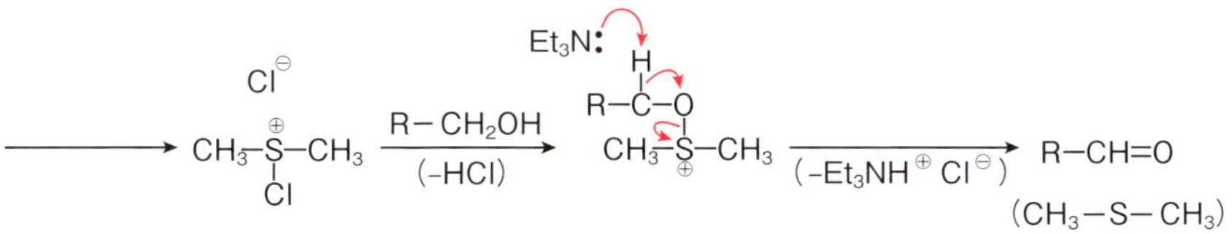

問 3-13

Harriesオゾン分解反応で、オゾンを用いた炭素・炭素二重結合のカルボニル基への酸化的切断反応。

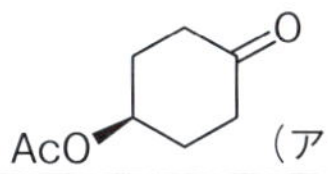

反応機構：

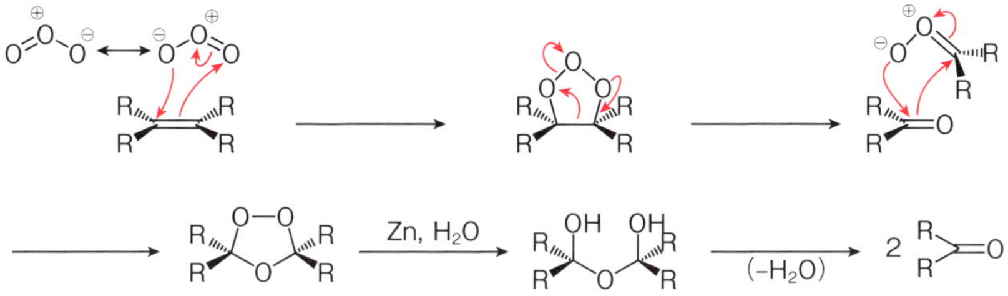

問 3-14

ヒドロホウ素化・酸化反応で、アルケンに *anti*-Markovnikov 型で水が付加したアルコールの合成反応。

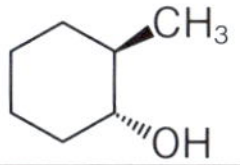

反応機構：

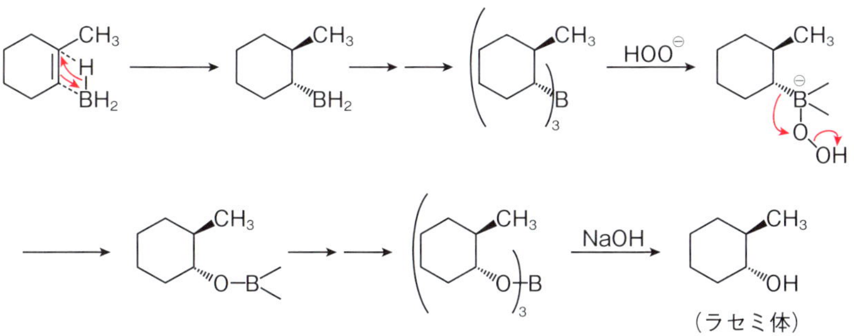

問 3-15

Sharpless 不斉エポキシ化反応で、アリルアルコールの炭素・炭素二重結合を不斉エポキシ化する反応。

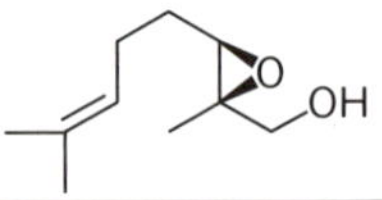

反応機構：

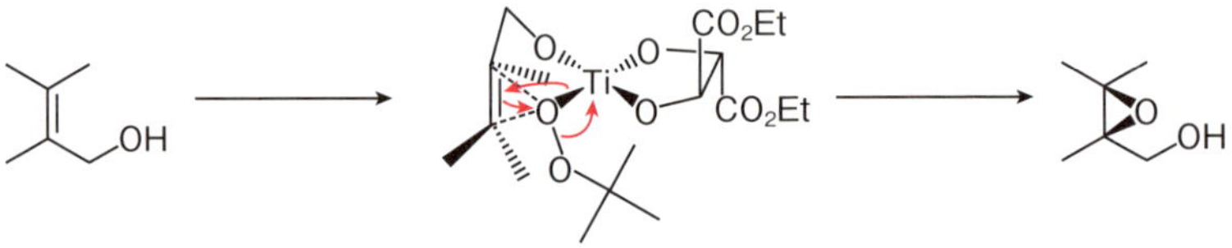

問 3-16

Wacker 反応で、エチレンからアセトアルデヒド、末端アルケンからメチルケトンを合成する反応。

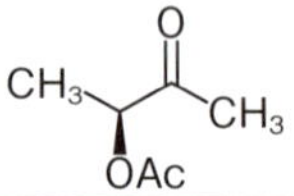

反応機構：

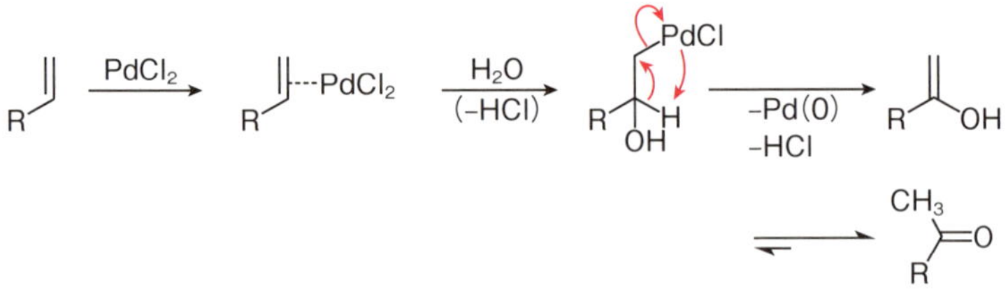

問 3-17

DDQ を用いた $p\text{-}CH_3C_6H_4CH_2\text{-}O\text{-}R$ のアルコール（ROH）への脱保護反応。

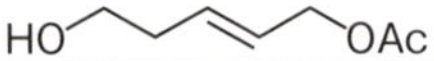

反応機構：

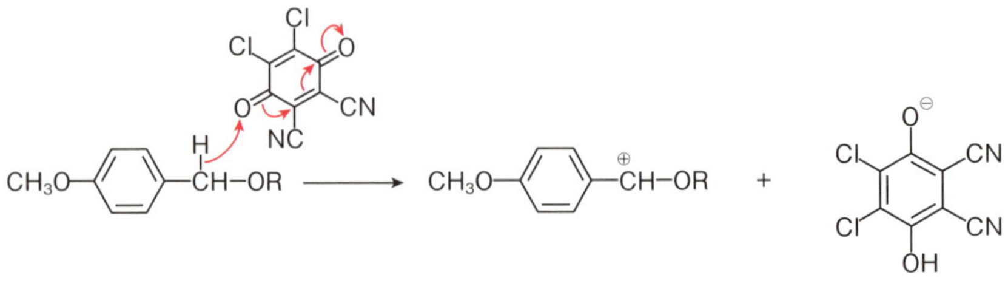

$$\xrightarrow{H_2O} CH_3O-C_6H_4-\underset{OR}{\underset{|}{CH}}-O-H \longrightarrow R-OH \quad (CH_3O-C_6H_4-CHO)$$

問 3-18

Clemmensen 還元反応で、Zn–Hg と HCl を用いた酸性条件下で、ケトンのカルボニル基をメチレン基へ還元する。関連反応にカルボニル基のジチオアセタール化、続く Raney–Ni によるメチレン基への還元反応がある。

反応機構:

$$R-\underset{O}{\underset{\|}{C}}-R' \xrightarrow{Zn, HCl} R-\underset{ZnCl}{\underset{|}{\overset{OH}{\overset{|}{C}}}}-R' \xrightarrow[(-H_2O)]{HCl} R-\underset{ZnCl}{\underset{|}{\overset{Cl}{\overset{|}{C}}}}-R' \xrightarrow{Zn} R-\underset{ZnCl}{\underset{|}{\overset{ZnCl}{\overset{|}{C}}}}-R'$$

$$\xrightarrow[(-ZnCl_2)]{HCl} R-CH_2-R'$$

問 3-19

Meerwein–Ponndorf–Verley 還元反応で、イソプロピルアルコールと $Al(OPr\text{-}i)_3$ を用いた中性条件下、主にケトンのアルコールへの還元反応。

反応機構:

$$R-\underset{O}{\underset{\|}{C}}-R' \xrightarrow{Al(OPr\text{-}i)_3} \left[\begin{array}{c}R\ R'\\H\cdots C\\O\cdots O\\Al(OPr\text{-}i)_2\end{array}\right] \longrightarrow RR'CH-O-Al(OPr\text{-}i)_2 \quad (\text{アセトン})$$

$$\xrightarrow{i\text{-PrOH}} RR'CH-OH + Al(OPr\text{-}i)_3$$

問 3-20

Wolff-Kishner 還元反応で、塩基性条件下、ケトンのメチレン基への還元反応。

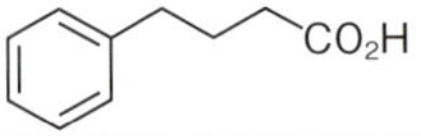

反応機構:

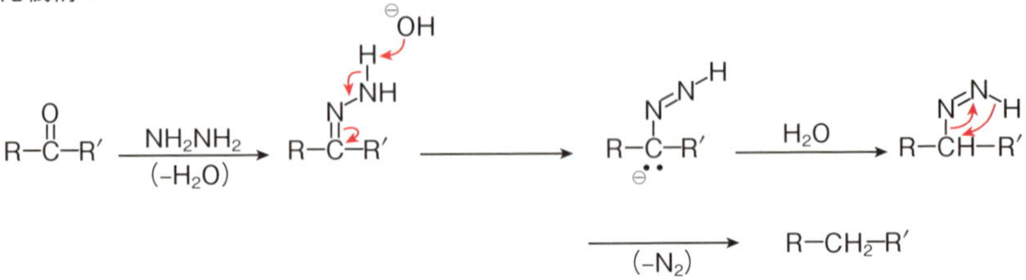

問 3-21

Borch 反応で、第一級アミンあるいは第二級アミンと、アルデヒドあるいはケトン、および $NaBH_3CN$ から、第二級アミンあるいは第三級アミンの合成反応。

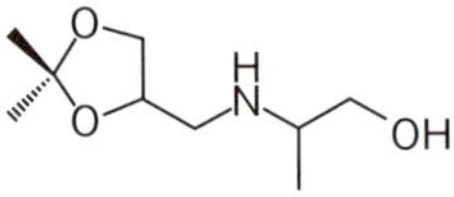

反応機構:

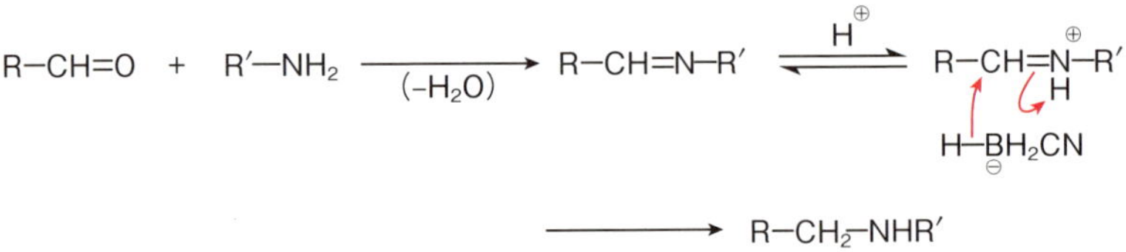

問 3-22

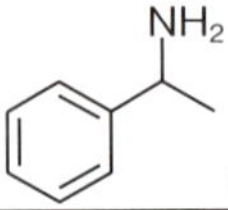

(ラセミ体)

反応機構:

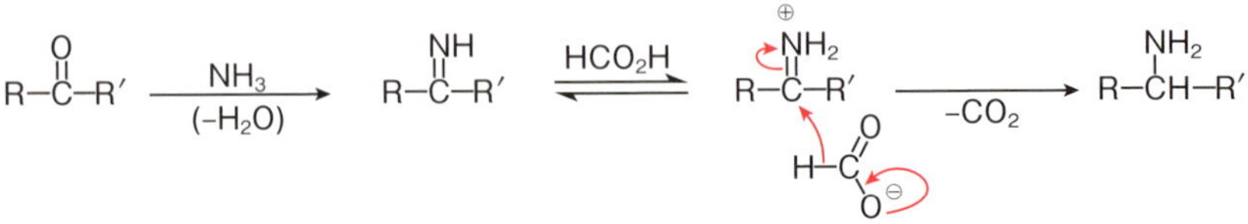

Leuckart–Wallach 反応で、第一級アミンあるいは第二級アミンと、アルデヒドあるいはケトン、およびギ酸から第三級アミンの合成、あるいはアンモニアとケトン、およびギ酸から第一級アミンの合成反応。

問 3-23

Eschweiler–Clarke 反応で、第一級アミンあるいは第二級アミンとホルムアルデヒド、およびギ酸から N-メチル化した第三級アミンの合成反応。

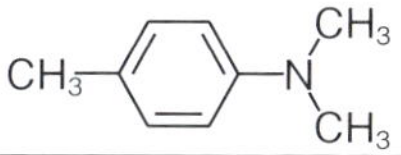

反応機構:

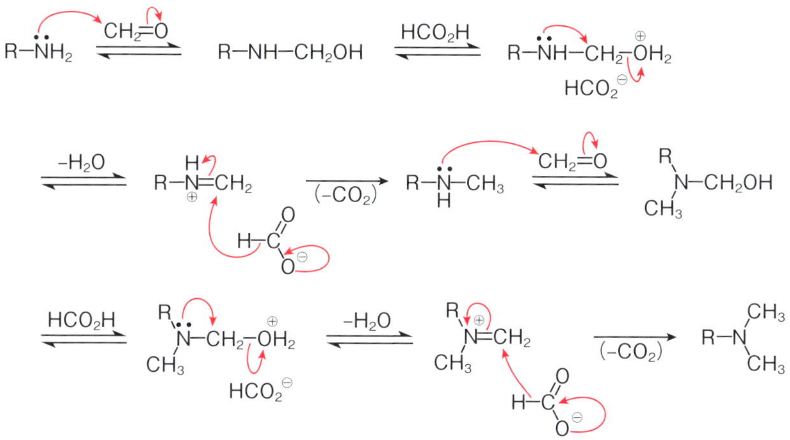

問 3-24

DIBAL（i-Bu$_2$AlH）を用いたエステルのアルデヒドへの還元反応。

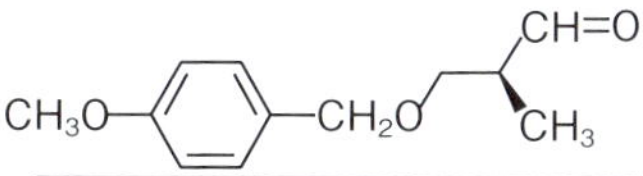

反応機構:

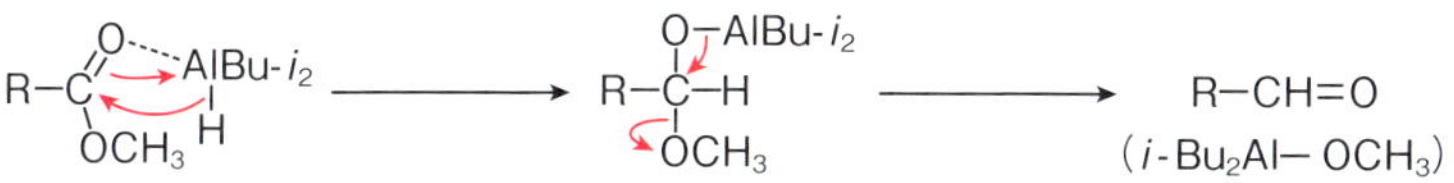

問 3-25

Chugaev 反応で、アルコール由来のキサンテートエステルから Ei 反応でアルケンを生成する。*syn*-脱離反応（6員環遷移状態）。

反応機構：

$$R-CH_2CH_2-OH \longrightarrow R-CH_2CH_2-O^{\ominus} \xrightarrow{S=C=S}$$

$$R-CH_2CH_2-O-\overset{S}{\underset{\|}{C}}-S^{\ominus} \xrightarrow{CH_3-I} \text{（6員環遷移状態）}$$

$$\longrightarrow R-CH=CH_2 \quad (COS, CH_3SH)$$

問 3-26

Cope 脱離反応で、第三級アミン-*N*-オキシドの Ei 反応でアルケンを生成する。*syn*-脱離反応（5員環遷移状態）。

反応機構：

$$R-CH=CH_2 \quad ((CH_3)_2N-OH)$$

問 3-27

反応機構：

$$RCH_2CH_2-\overset{\oplus}{N}(CH_3)_2 \longrightarrow RCH_2CH_2N(CH_3)_2 + CH_2=CH_2$$

Hofmann 分解反応で、第四級アンモニウム塩の水酸化物イオンによる脱離反応で、より置換基の少ないアルケンを生成する。

問 3-28

Ramberg–Bücklund 反応でスルホンから脱 SO_2 によりアルケンの合成反応。

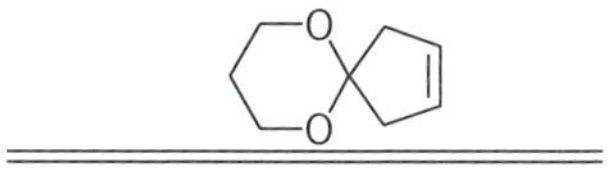

反応機構:

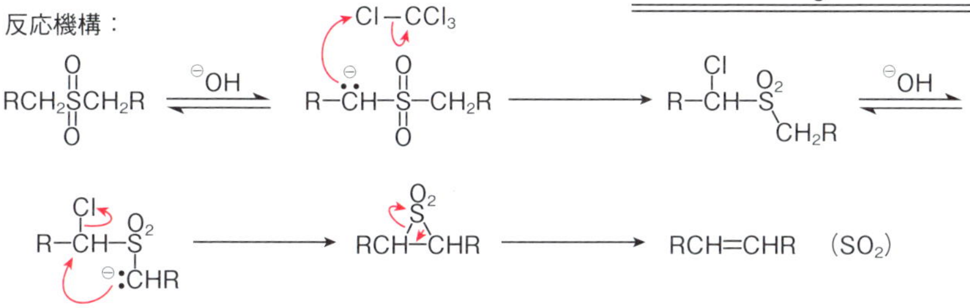

問 3-29

Corey–Winter オレフィン合成反応で、1,2-ジオール由来のチオカーボネートから *syn*-脱離したアルケンの合成反応。

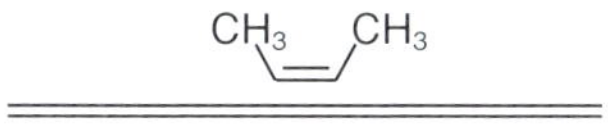

反応機構:

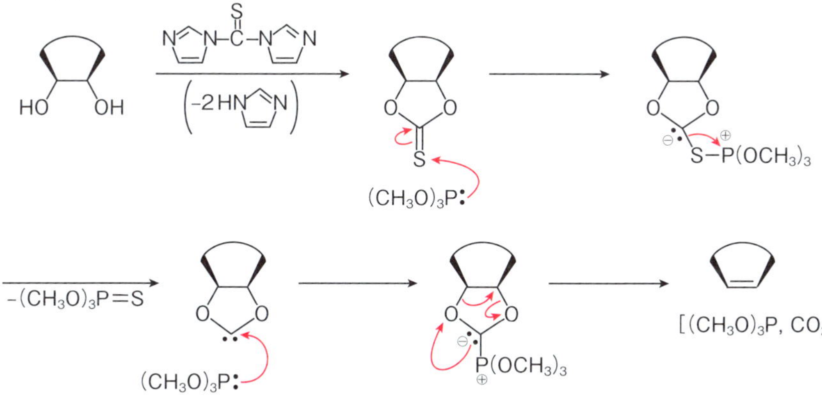

問 3-30

Grob 分裂反応で、1,4-脱離反応による C–C 結合の開裂反応で二重の *anti*-periplanar の脱離反応。

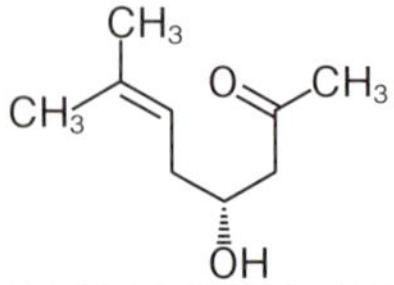

反応機構:

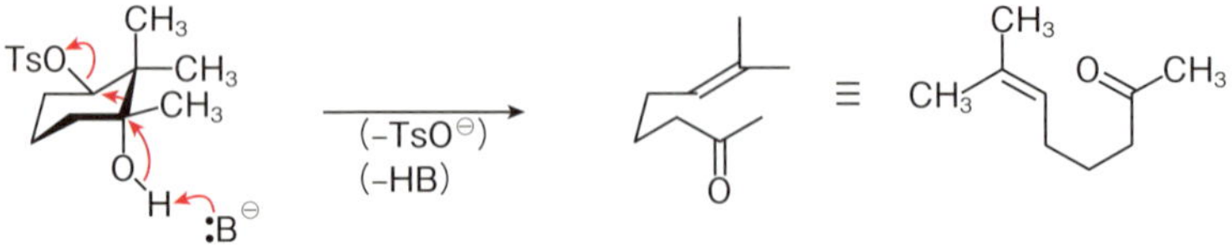

問 3-31

Bamford–Stevens–Shapiro 反応で、ケトン由来のトシルヒドラゾンからアルケンの合成反応。

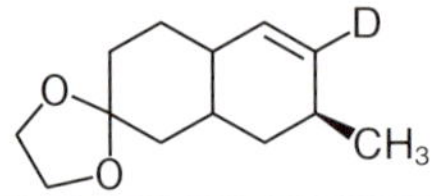

反応機構:

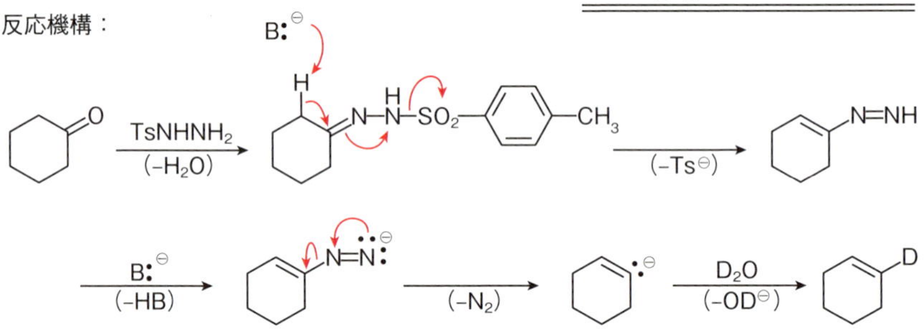

問 3-32

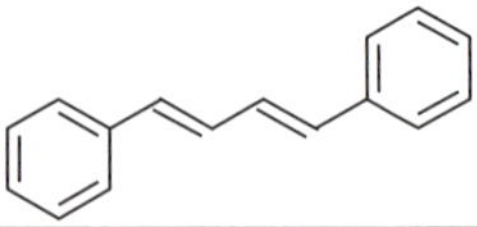

反応機構:

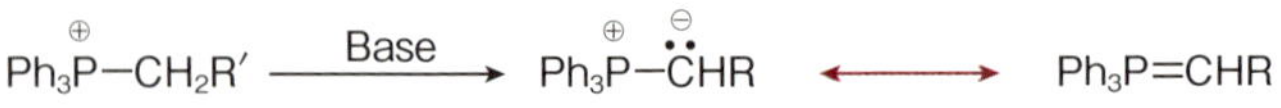

$$Ph_3\overset{\oplus}{P}-CH_2R' \xrightarrow{\text{Base}} Ph_3\overset{\oplus}{P}-\overset{\ominus}{\underset{..}{C}}HR \longleftrightarrow Ph_3P=CHR$$

[Wittig反応機構図]

Wittig 反応で、トリフェニルホスフィン由来のリンイリドを用いてアルデヒドやケトンからアルケンの合成反応。

問 3-33

Horner–Wadsworth–Emmons 反応で、リン酸エステルを用いてアルデヒドやケトンから α,β-不飽和エステルの合成反応。

反応機構：

$$(C_2H_5O)_2\overset{O}{\overset{\|}{P}}-CH_2CO_2C_2H_5 + C_2H_5O^{\ominus} \rightleftharpoons (C_2H_5O)_2\overset{O}{\overset{\|}{P}}-\overset{\ominus}{C}HCO_2C_2H_5 + C_2H_5OH$$

$$(C_2H_5O)_2\overset{O}{\overset{\|}{P}}-\overset{\ominus}{C}HCO_2C_2H_5 \;\;\xrightarrow{R-CH=O}\;\; (C_2H_5O)_2\overset{O}{\overset{\|}{P}}-CHCO_2C_2H_5 \;\;\longrightarrow$$
$$\overset{\ominus}{O}-CH-R$$

$$(C_2H_5O)_2\overset{\overset{\ominus}{O}}{\overset{\|}{P}}-CHCO_2C_2H_5 \;\;\longrightarrow\;\; R\overset{CO_2C_2H_5}{\diagup\diagdown}$$
$$\overset{|}{O}-CH-R \quad\quad\quad [(C_2H_5O)_2PO_2^{\ominus}]$$

問 3-34

反応機構：

$$R'-CH_2-\underset{\underset{\|}{O}}{\overset{\overset{\|}{O}}{S}}-\text{[benzothiazole]} \xrightarrow{\text{NaN(TMS)}_2} R'-\overset{\ominus}{C}H-\underset{\underset{\|}{O}}{\overset{\overset{\|}{O}}{S}}-\text{[benzothiazole]} \longrightarrow$$

Julia-Kocienski-Lythgoe 反応で、スルホンとアルデヒドやケトンからアルケンの合成反応。

問 3-35

Corey-Fuchs アルキン合成反応で、アルデヒドから末端アルキンや置換アルキンの合成反応。

問 3-36

McMurry オレフィン化反応で、ケトンやアルデヒドから 2 量化様式でアルケンの合成反応。

問 3-37

Simmons-Smith 反応で、アルケンのシクロプロパン化反応。

反応機構:

問 3-38

反応機構:

Baylis-Hillman 反応で芳香族アルデヒドへの活性アルケン α-位での付加反応。

問 3-39
Henry 反応で、アルデヒドとニトロアルカンのアルドール反応、あるいはアルドール縮合反応。

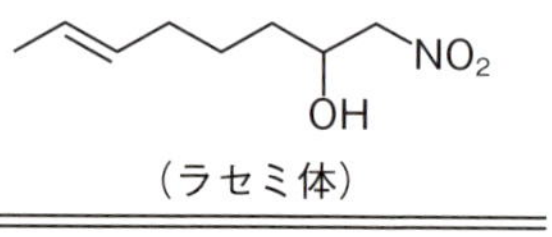

反応機構：

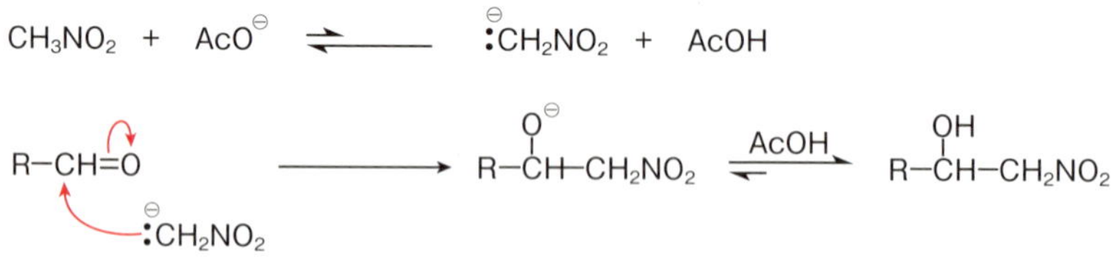

問 3-40
ベンゾイン縮合反応で、芳香族アルデヒドから芳香族の α-ヒドロキシケトンの合成反応。

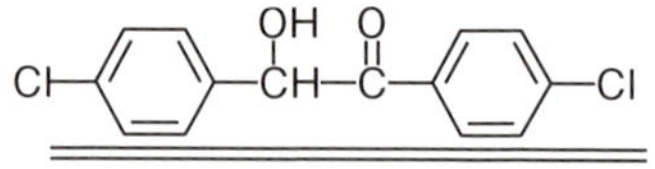

反応機構：

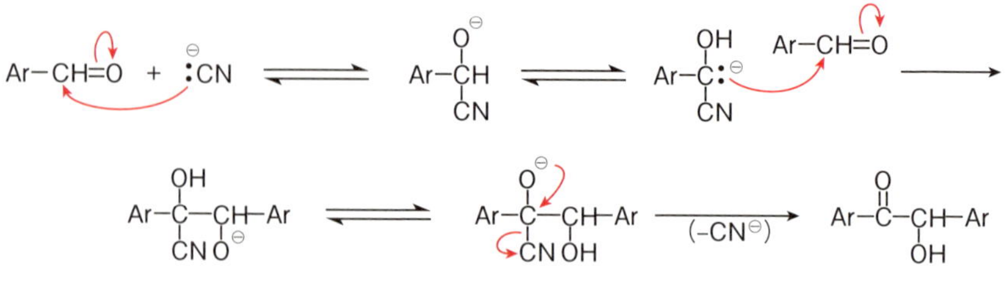

問 3-41
Mannich 反応で、ケトン、ホルムアルデヒド、および第二級アミンから β-(ジアルキルアミノ) エチルケトン（Mannich 塩基）の合成反応。

解　答

反応機構：

問 3-42

Robinson 環化反応で、ケトンと α,β-不飽和ケトンから 2-シクロヘキセン-1-オン環の合成反応。

反応機構：

問 3-43

アシロイン縮合反応で、脂肪族ジエステルから脂肪族の α-ヒドロキシケトンの合成反応。

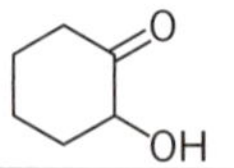

反応機構:

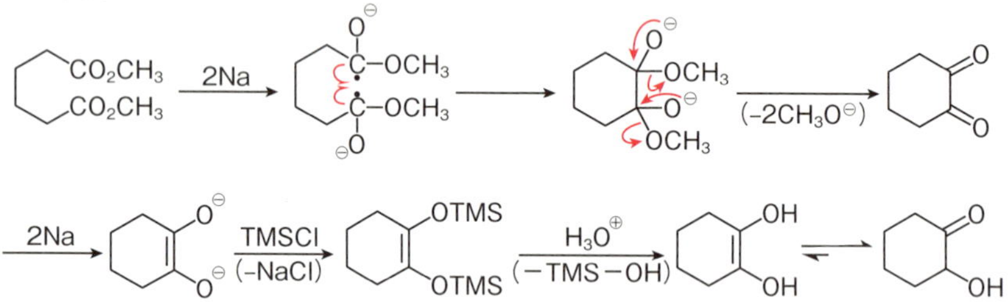

問 3-44

Perkin 反応で、芳香族アルデヒドと無水カルボン酸からケイ皮酸誘導体の合成反応。

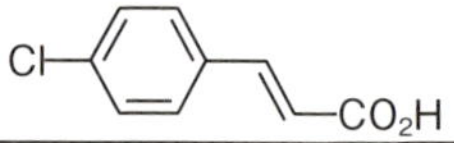

反応機構:

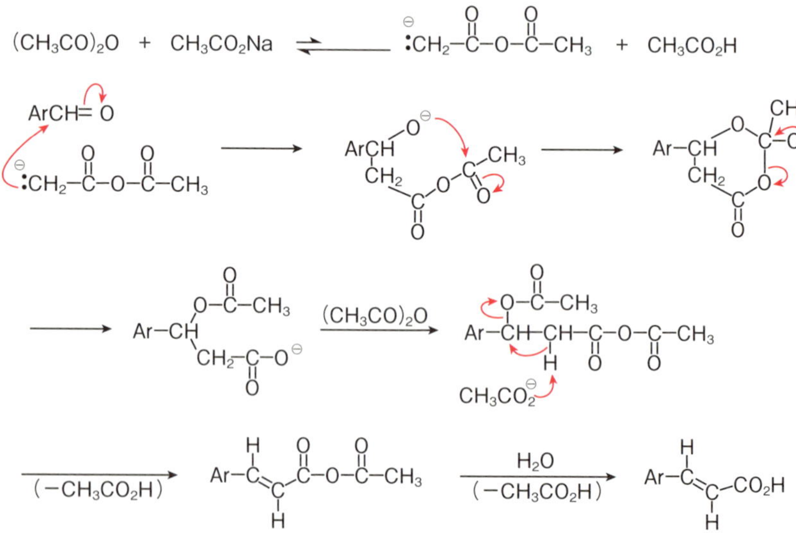

問 3-45

Stobbe 縮合反応で、芳香族アルデヒドやケトンとスクシン酸エステルの縮合反応。

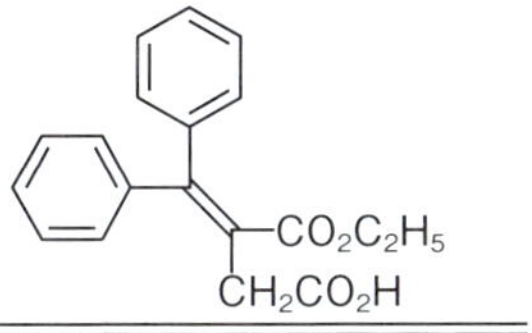

反応機構：

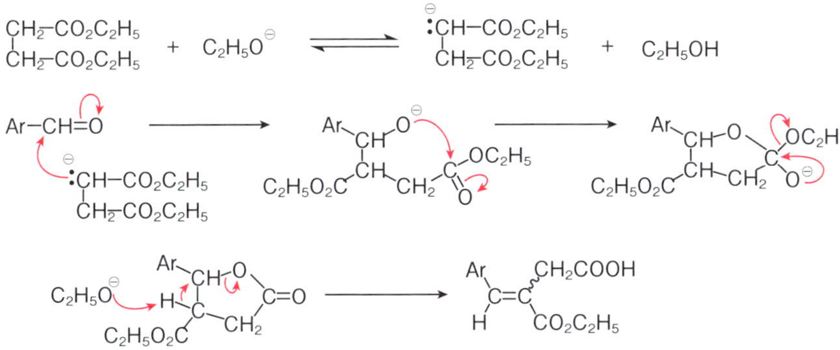

問 3-46

Cannizzaro 反応で、α-水素をもたないアルデヒドからカルボン酸とアルコールの合成反応。ギ酸は還元剤として作用する。

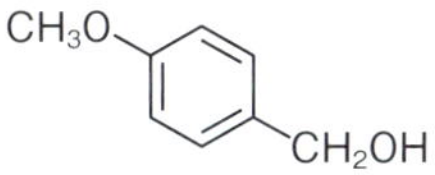

反応機構：

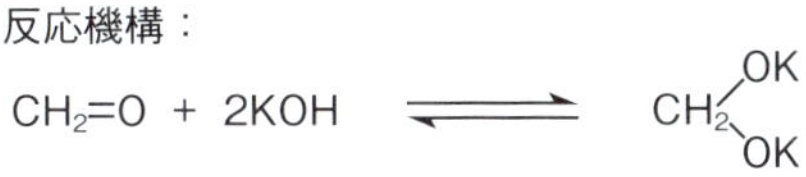

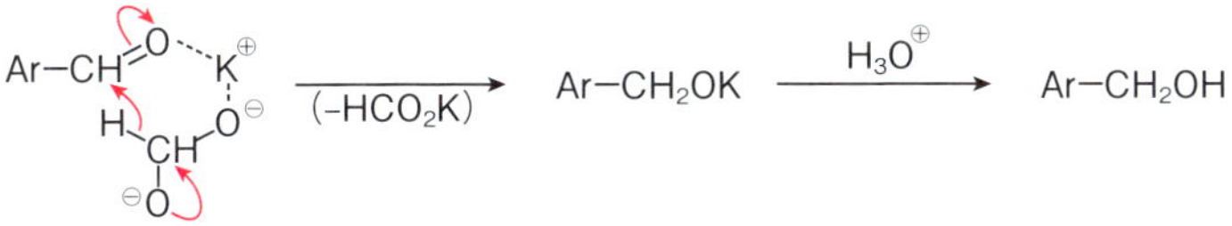

問 3-47

Arndt-Eistert 反応で、カルボン酸から 1,2-転位による 1 炭素増えたカルボン酸の合成反応。

$$t\text{-Bu-O-C(=O)-NH-CH(C}_2\text{H}_5\text{)-CH}_2\text{CO}_2\text{H}$$

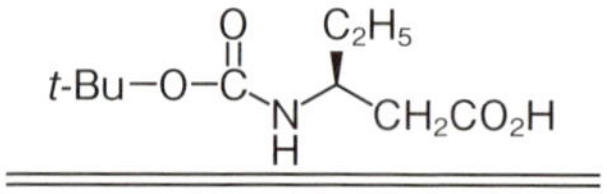

反応機構:

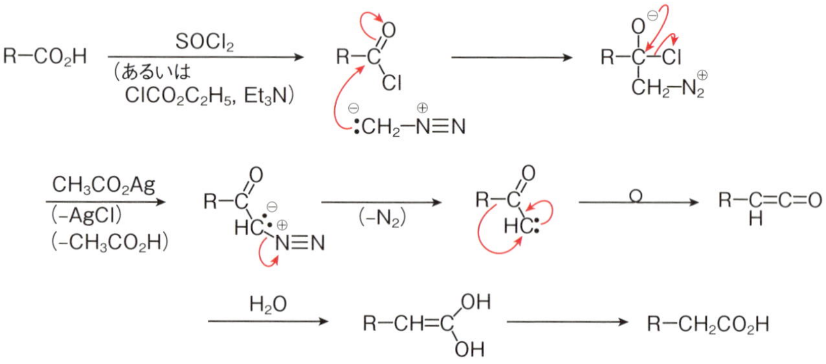

問 3-48

Favorskii 転位反応で、α-ハロケトンからエステルやカルボン酸の合成反応。

(ラセミ体)

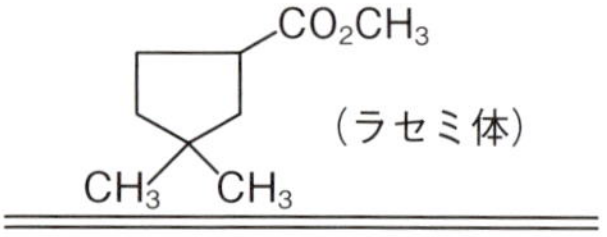

反応機構:

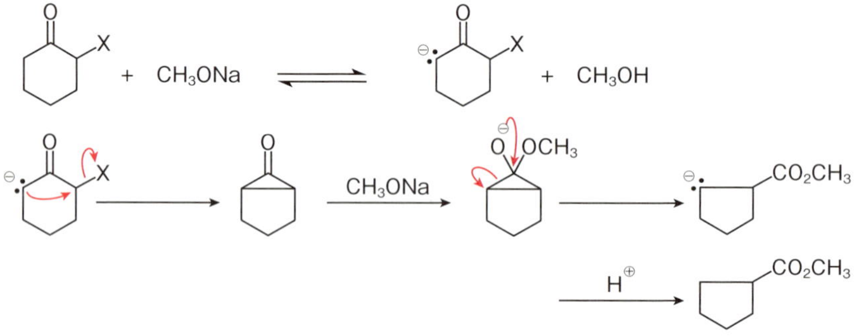

問 3-49

ピナコール・ピナコロン転位反応で、1,2-ジオールの脱水反応をともなう 1,2-転位によるケトンの合成反応。

反応機構：

問 3-50

Pummerer 転位反応で、スルホキシドから α-アシロキシスルフィドの合成反応。

反応機構：

問 3-51

Wagner–Meerwein 転位反応で、より安定なカルボカチオンへの炭素鎖の 1,2-転位反応。

反応機構：

問 3-52

Wolff 転位反応で、α-ジアゾケトンから 1,2-転位によるケテンの生成と、続くアルコールの付加反応によるエステルの合成反応。

反応機構：

問 3-53

Fritsch–Buttenberg–Wiechell 転位反応で、1,1-ジアリール-2-ハロエチレンから 1,2-転位により、1,2-ジアリールアセチレンの合成反応。

反応機構：

問 3-54

Smiles 転位反応で、芳香環イプソ位で芳香環側鎖の頭部と尾部が入れ替わる反応。

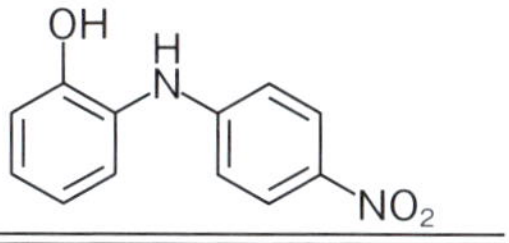

解　答

反応機構：

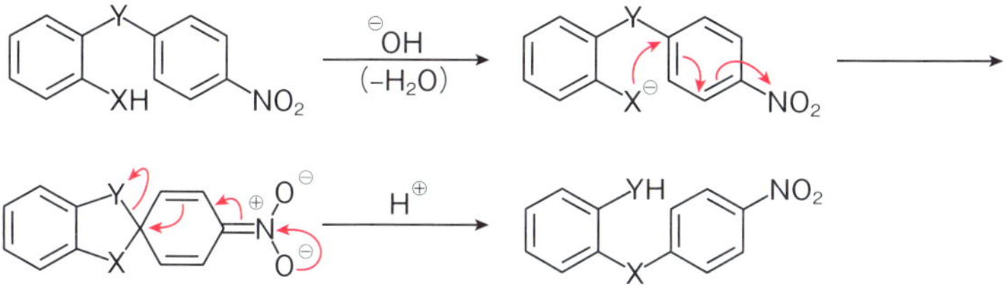

問 3-55

Beckmann 転位反応で、オキシムの 1,2-転位（*anti*-転位）により、*N*-一置換アミドの合成反応。

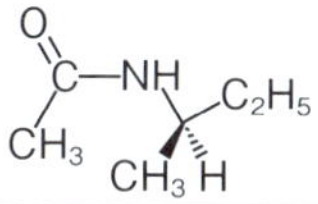

反応機構：

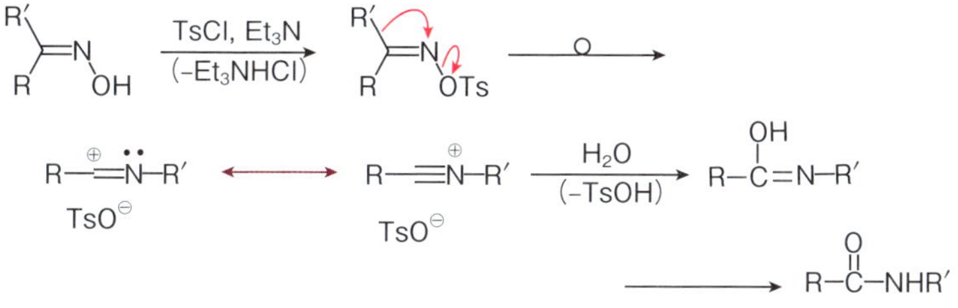

問 3-56

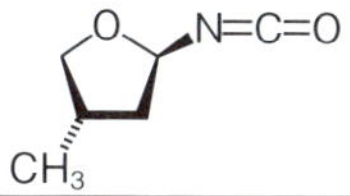

反応機構：

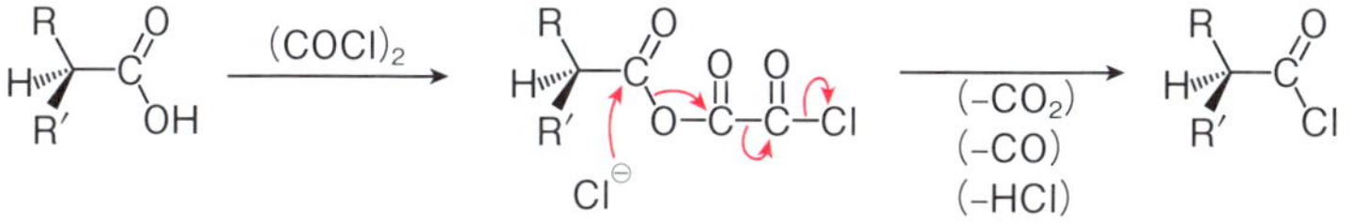

Curtius 転位反応で、カルボン酸由来のアシルアジドから 1,2-転位により、1 炭素減炭したイソシアナートあるいは第一級アミンの合成反応。

問 3-57

Hofmann 転位反応で、カルボン酸アミドに臭素と NaOH 水溶液を用いて、1,2-転位により、1 炭素減炭した第一級アミンの合成反応。

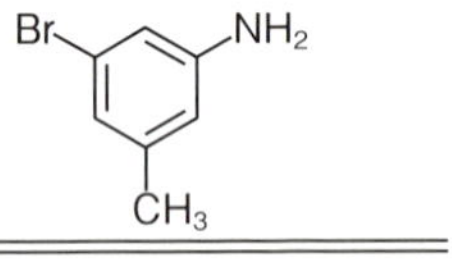

反応機構：

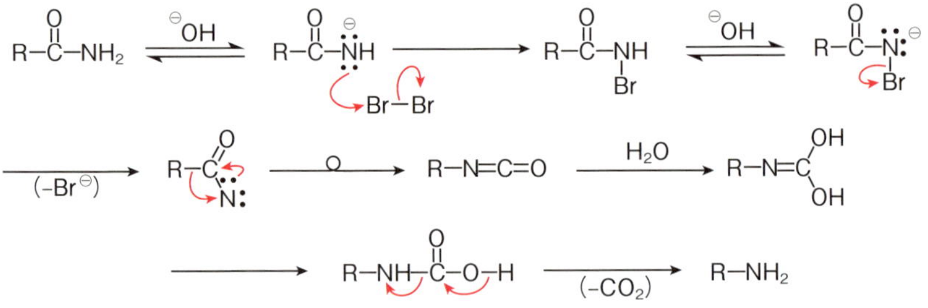

問 3-58

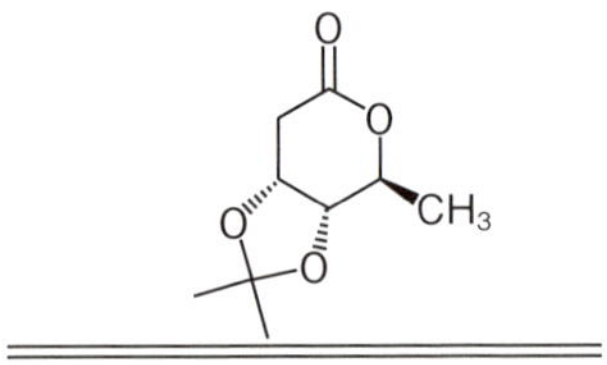

反応機構：

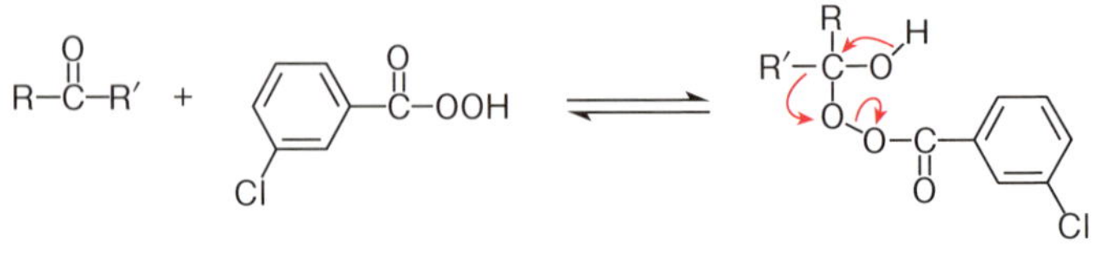

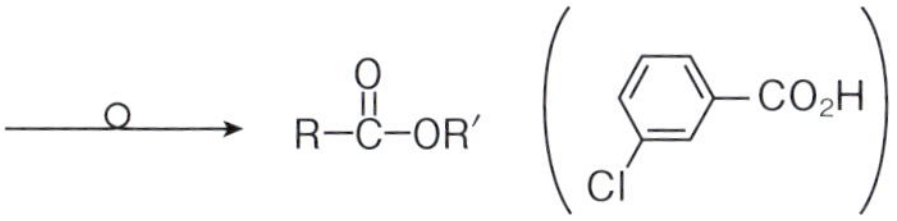

Baeyer–Villiger 酸化反応で、ケトンと過酸の付加体から 1,2-転位により、エステルやラクトンの合成反応。

問 3-59

Criegee 転位反応で、過酸エステルの 1,2-転位反応。クメン法でクメンヒドロペルオキシドからのフェノール合成も同様の機構である。

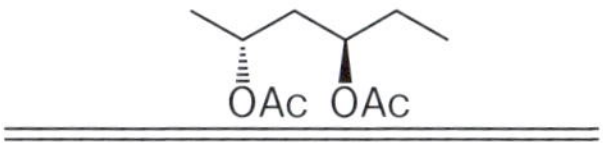

反応機構：

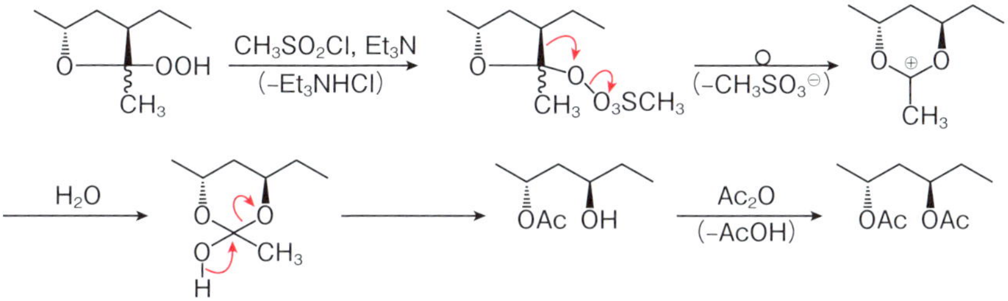

問 3-60

Dakin 反応で、芳香族ケトンやアルデヒドから 1,2-転位によるフェノール誘導体の合成反応。

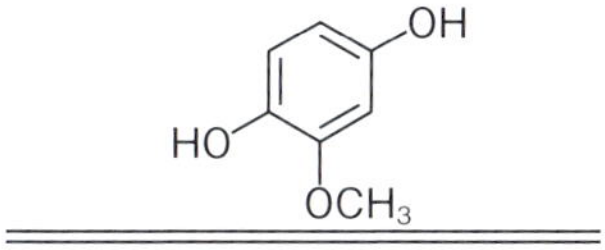

反応機構：

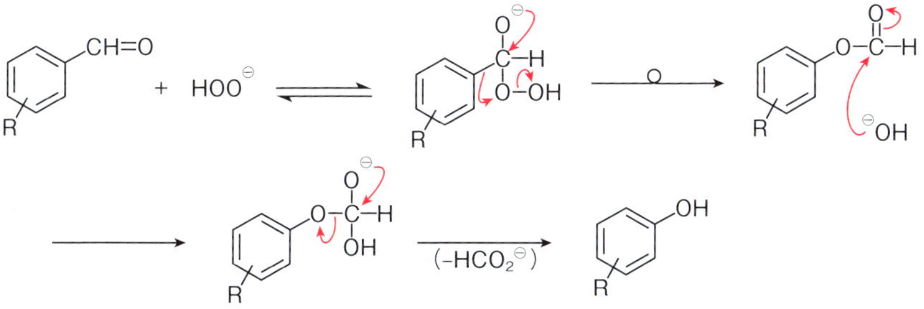

問 3-61

Stevens 転位反応で、第四級アンモニウム塩から 1,2-転位により、第三級アミンの合成反応。

(ラセミ体)

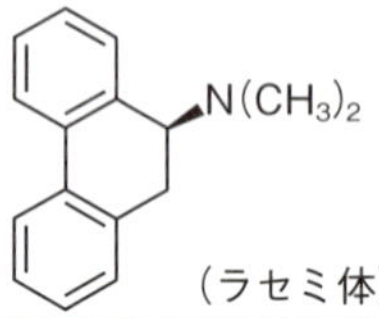

反応機構：

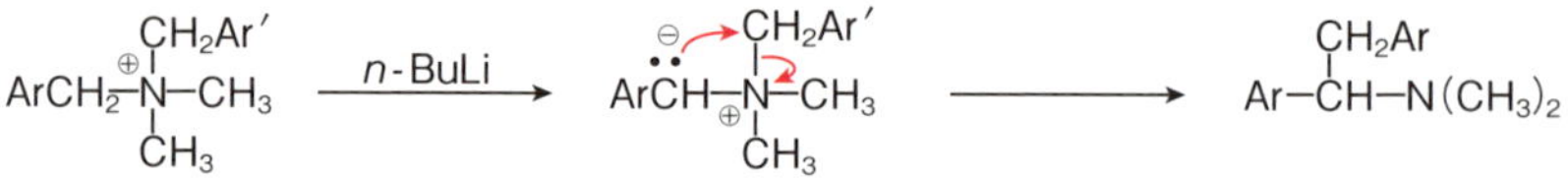

問 3-62

Glaser カップリング反応で、末端アセチレンの酸化的カップリングからジアセチレンの合成反応。

$CH_3O_2CCH_2CH_2CH_2-C{\equiv}C-C{\equiv}C-CH_2CH_2CH_2CO_2CH_3$

反応機構：

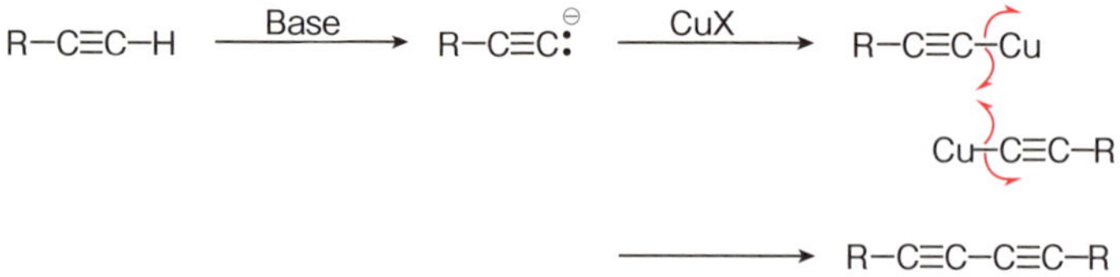

問 3-63

溝呂木-Heck 反応で、ハロゲン化アリールやハロゲン化ビニルとアルケンのカップリング反応で、アリール置換アルケンやビアリールの合成反応。

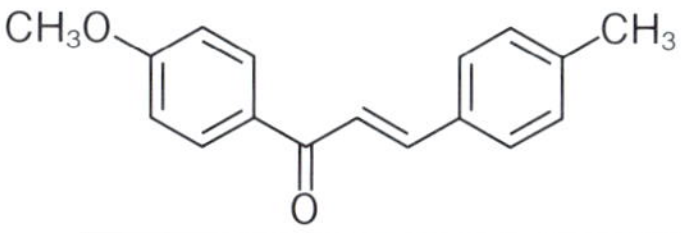

反応機構：

活性 Pd 触媒形成

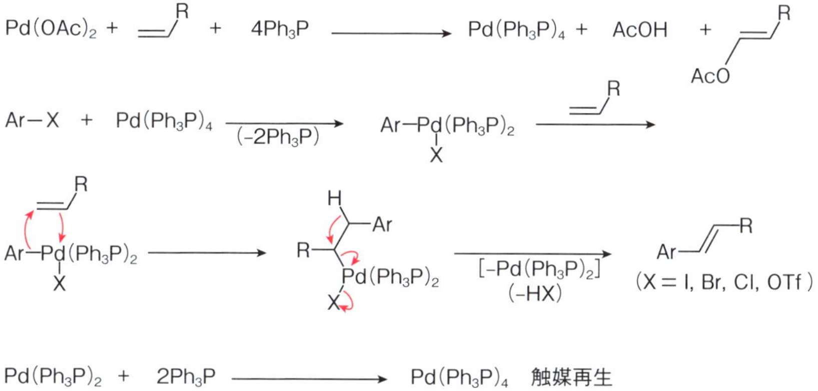

$Pd(OAc)_2 + CH_2=CHR + 4Ph_3P \longrightarrow Pd(Ph_3P)_4 + AcOH + AcO-CH=CHR$

$Ar-X + Pd(Ph_3P)_4 \xrightarrow{(-2Ph_3P)} Ar-Pd(Ph_3P)_2X \xrightarrow{CH_2=CHR}$

$Ar-Pd(Ph_3P)_2X \cdot (CH_2=CHR) \longrightarrow R-CH(Pd(Ph_3P)_2X)-CH_2-Ar \xrightarrow[(-HX)]{[-Pd(Ph_3P)_2]} Ar-CH=CHR$ （X = I, Br, Cl, OTf）

$Pd(Ph_3P)_2 + 2Ph_3P \longrightarrow Pd(Ph_3P)_4$　触媒再生

問 3-64

Pauson-Khand 反応で、2-シクロペンテン-1-オン環の合成反応。

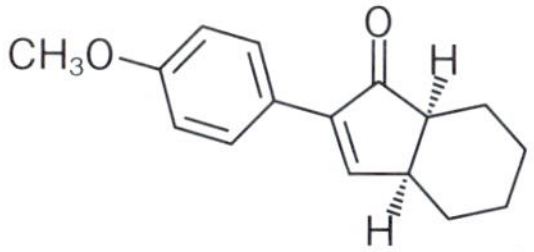

（ラセミ体）

反応機構：

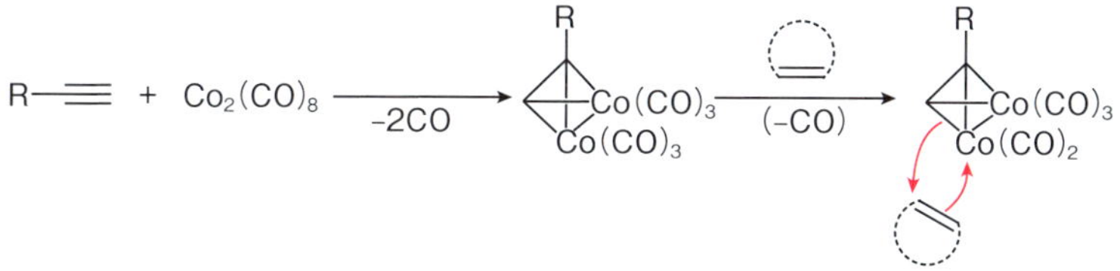

$R-\equiv + Co_2(CO)_8 \xrightarrow{-2CO} [R-C\equiv C-Co_2(CO)_6] \xrightarrow{(-CO)} [R-C\equiv C-Co_2(CO)_5(\text{alkene})]$

問 3-65
Grubbs 触媒を用いたジエンの環化反応で、中大環状アルケンの合成反応。

反応機構：

問 3-66
薗頭カップリング反応で、ハロゲン化アリールと末端アセチレンからアリール置換アセチレンの合成反応。

反応機構：

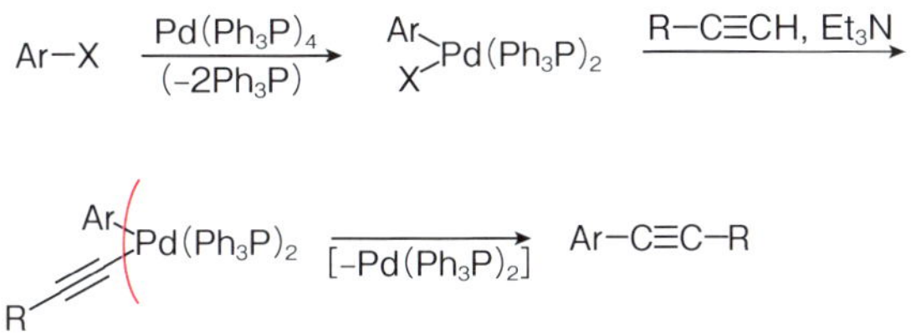

$$Ar-X \xrightarrow[(-2Ph_3P)]{Pd(Ph_3P)_4} \underset{X}{\overset{Ar}{>}}Pd(Ph_3P)_2 \xrightarrow{R-C\equiv CH,\ Et_3N}$$

$$\underset{R}{\overset{Ar}{>}}Pd(Ph_3P)_2 \xrightarrow{[-Pd(Ph_3P)_2]} Ar-C\equiv C-R$$

$$Pd(Ph_3P)_2 + 2Ph_3P \longrightarrow Pd(Ph_3P)_4\ 触媒再生$$

問 3-67

鈴木-宮浦カップリング反応で、ハロゲン化アリールやハロゲン化ビニルとアリールホウ素化合物からアリール置換アルケンやビアリールの合成反応。

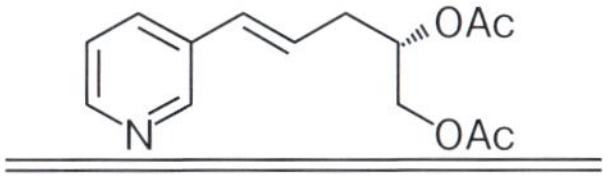

反応機構：

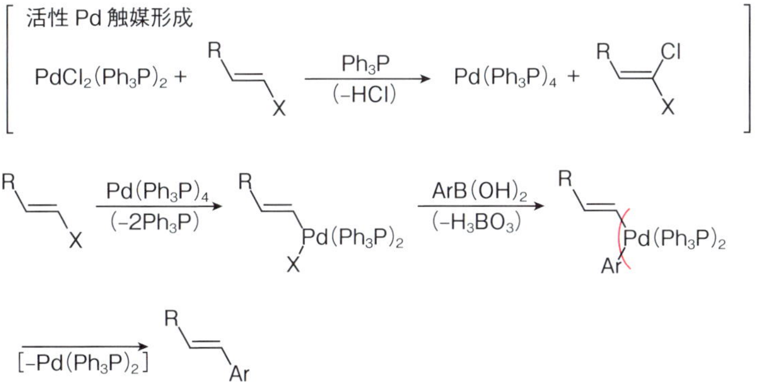

[活性 Pd 触媒形成
$$PdCl_2(Ph_3P)_2 + \underset{X}{\overset{R}{>}} \xrightarrow[(-HCl)]{Ph_3P} Pd(Ph_3P)_4 + \underset{X}{\overset{R}{>}}Cl$$
]

$$\underset{X}{\overset{R}{>}} \xrightarrow[(-2Ph_3P)]{Pd(Ph_3P)_4} \underset{X}{\overset{R}{>}}Pd(Ph_3P)_2 \xrightarrow[(-H_3BO_3)]{ArB(OH)_2} \underset{Ar}{\overset{R}{>}}Pd(Ph_3P)_2$$

$$\xrightarrow{[-Pd(Ph_3P)_2]} \underset{Ar}{\overset{R}{>}}$$

$$Pd(Ph_3P)_2 + 2Ph_3P \longrightarrow Pd(Ph_3P)_4\ 触媒再生$$

問 3-68

Ullmann カップリング反応で、銅を用いた対称ビアリールの合成反応。

反応機構：

$$Ar-X \xrightarrow{Cu} Ar-CuX \xrightarrow{ArX} Ar-CuX_2(Ar) \xrightarrow{(-CuX_2)} Ar-Ar$$

問 3-69

Corey-House 反応で、ハロゲン化アルキルとジアルキル銅リチウム塩のカップリング反応（S_N2 反応）で、ジアルキル体の合成反応。

反応機構：

$$R-CuLi(R) + R'-X \xrightarrow[(-RCu, -LiX)]{S_N2} R-R'$$

問 3-70

Kolbe-Schmitt 反応で、フェノールからサリチル酸の合成反応。

反応機構：

問 3-71

Reimer-Tiemann 反応で、フェノールからサリチルアルデヒドの合成反応。

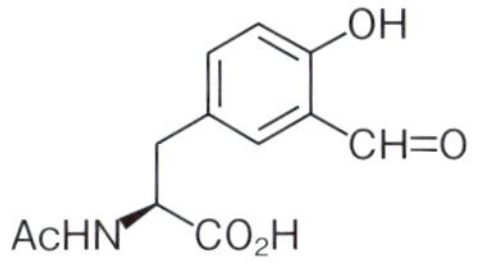

反応機構：

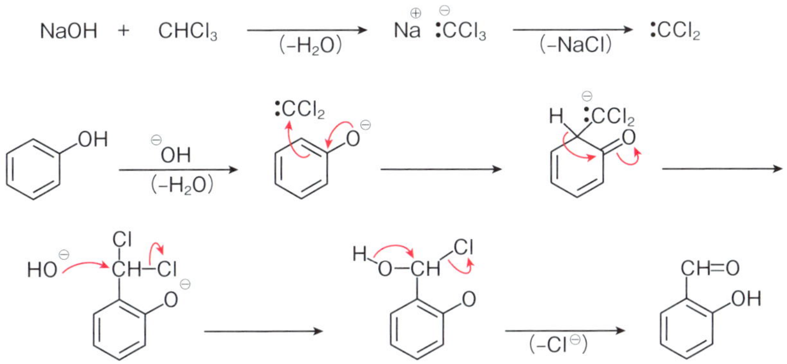

問 3-72

Vilsmeier-Haack 反応で、芳香環にホルミル基を導入する反応。

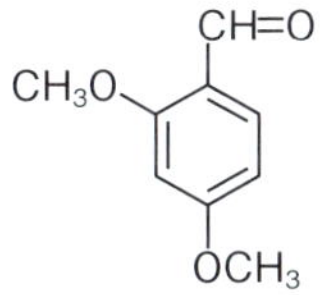

反応機構：

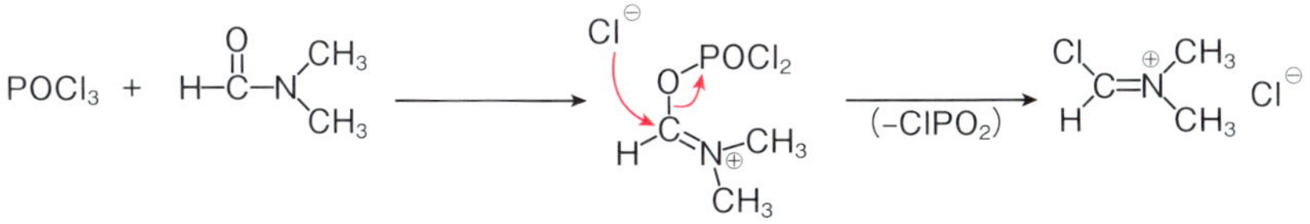

問 3-73

ベンザインの生成と Diels-Alder 付加環化反応、および付加体の芳香化反応。

反応機構：

問 3-74

Birch 還元反応で、生じた 1,4-ジアニオンの水素化あるいはモノアルキル化反応。

反応機構:

問 3-75

Fischer インドール合成反応で、[3,3] シグマトロピー反応と5員環への環化反応。

反応機構:

問 3-76

伊藤-三枝インドール合成反応で、ベンジル位のアニオンが o-位イソニトリル炭素に求核的付加環化反応。

反応機構：

[反応機構の図]

問 3-77
Madelung インドール合成反応で、ベンジルアニオンの o-位アミドカルボニル炭素への求核的付加環化反応。

反応機構：

[反応機構の図]

問 3-78
Bartoli インドール合成反応で、[3,3]シグマトロピー反応と5員環への環化反応。

反応機構：

[反応機構の図]

問 3-79

Hantzsch チアゾール合成反応で、α-ハロケトンとチオアミドからチアゾールの合成反応。

反応機構：

問 3-80

Paal–Knorr ピロール合成反応で、1,4-ジケトンと第一級アミンあるいはアンモニアを用いたピロールの合成反応。

反応機構：

問 3-81

Bischler-Napieralski 反応で、β-フェネチルアミドの環化反応で、3,4-ジヒドロイソキノリンの合成反応。

反応機構：

問 3-82

Pictet-Spengler 反応で、テトラヒドロイソキノリン合成反応。

（ラセミ体）

反応機構：

問 3-83
Skraup 反応で、系内で生じたアクロレインとアニリンの縮合反応から、キノリンの合成反応。

反応機構：

問 3-84

Pechmann 縮合反応で、フェノール類からクロマン環の合成反応。

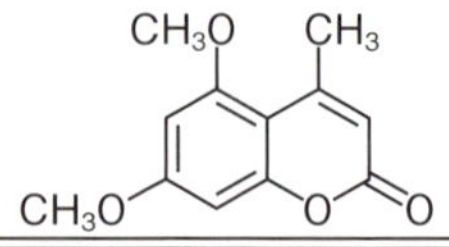

反応機構：

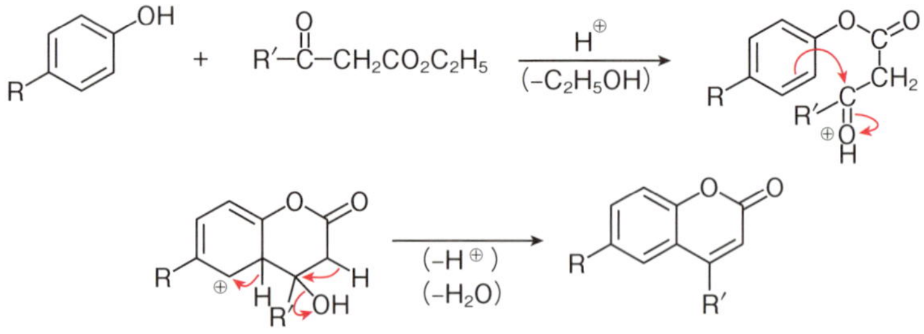

問 3-85

Barton ラジカル脱炭酸反応。カルボン酸から主に CX_4 ($X = Cl, Br, I$) と反応してハロゲン化アルキルを、活性アルケンと反応して付加体を生じる反応で、ラジカル連鎖反応で進行する。

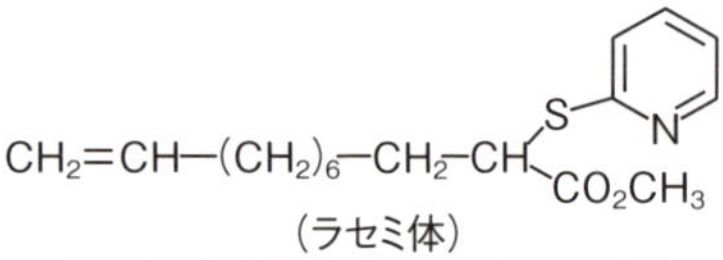

反応機構：

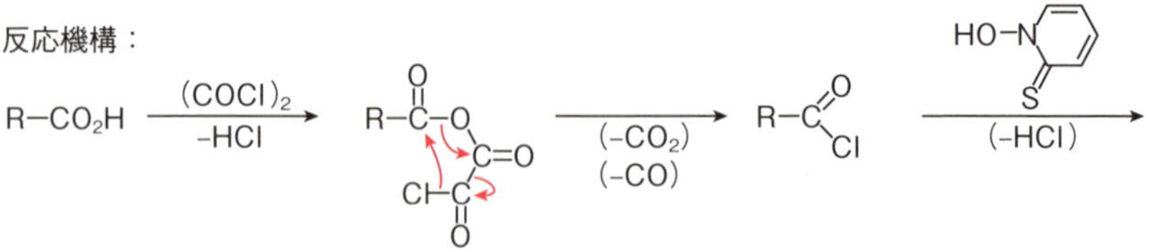

問 3-86

Barton 反応。主に 1,5-H シフトが関与した不活性メチレン基のオキシム化反応で、ラジカル連鎖反応で進行する。

反応機構：

問 3-87

Barton-McCombie 反応。水酸基の還元的脱酸素化反応で、ラジカル連鎖反応で進行する。

反応機構：

(反応機構図：R-OH → R-O-C(=S)-OPh → R-O-C(=S)-SnBu₃・ → R・ → R-H、開始段階にAIBN分解)

問 3-88

Hofmann-Löffler-Freytag 反応。主に N-ハロアミンから $1,5$-H シフトを伴い、ピロリジンの合成反応で、ラジカル連鎖反応で進行する。

反応機構：

(反応機構図：R-CH₂CH₂CH₂CH₂-NHCH₃ → NCS → (I) R-CH₂CH₂CH₂CH₂-N(Cl)CH₃ → H₂SO₄, 加熱 (-Cl・))

解　答

141

(reaction scheme: 1,5-H シフト、(I)/(II)、中和 (−HCl) → N-メチルピロリジン誘導体)

問 3-89

Wohl-Ziegler 反応。ベンジル位の臭素化反応で、ラジカル連鎖反応で進行する。

生成物：3-(ブロモメチル)安息香酸メチル (CH$_2$Br, CO$_2$CH$_3$)

反応機構：

ArCH$_3$ + ·Br → ArCH$_2$· (−HBr) → (+ Br$_2$) → ArCH$_2$Br (−Br·)

$$\text{succinimide-N-Br} + \text{HBr} \longrightarrow \text{succinimide-NH} + \text{Br}_2 \quad (\text{極性反応})$$

開始段階：

$$(CH_3)_2C(CN)-N=N-C(CN)(CH_3)_2 \longrightarrow 2\ (CH_3)_2\dot{C}(CN) + N_2$$

$$(CH_3)_2\dot{C}(CN) + Br_2 \longrightarrow (CH_3)_2C(CN)Br + \cdot Br$$

問 3-90
Bergman 反応。cis-1,5-ヘキサジイン-3-エンの 6π 系電子環状反応で、ベンゼン環の形成反応。

反応機構：

問 3-91
Nazarov 反応。4π 系電子環状反応で、シクロペンテノン環の合成反応。

反応機構：

問 3-92
協奏的な $[2\pi + 2\pi]$ 光付加環化反応で、シクロブタン環の合成反応。

（ラセミ体）

解　答

反応機構：

問 3-93

Claisen 転位反応で、[3,3]シグマトロピー転位反応。

反応機構：

問 3-94

Cope 転位反応で、[3,3]シグマトロピー転位反応。

反応機構：

問 3-95
Ene 反応で、シグマトロピー転位反応。

反応機構：

第4章 有機合成反応と反応機構

目標
第4章では、第1章から第3章までに学んだ有機化学の構造、物性、立体、有機反応の知識をもとに、置換反応、付加反応、酸化反応、還元反応、縮合反応、転位反応、ラジカル反応、およびペリ環状反応などの知識も総動員し、有機合成反応とその反応機構について演習を通して学ぶ。

例題
p-ニトロトルエンから p-トルイル酸の合理的な合成法を示しなさい。

解答例

p-ニトロトルエン $\xrightarrow{\text{Fe, HCl}}$ p-トルイジン $\xrightarrow{\text{NaNO}_2,\text{ HCl}}$ ジアゾニウム塩($N_2^{\oplus}Cl^{\ominus}$)

ジアゾニウム塩から:
- $\xrightarrow{\text{CuCN}}$ p-トルニトリル (CN体) $\xrightarrow[\text{H}_2\text{O, 加熱}]{\text{H}_2\text{SO}_4}$ p-トルイル酸 (CO_2H)
- $\xrightarrow{\text{CuBr}}$ p-ブロモトルエン (Br体) $\xrightarrow{\text{Mg}}$ MgBr体 $\xrightarrow[\text{2) H}_3\text{O}^{\oplus}]{\text{1) CO}_2}$ p-トルイル酸

ニトロ基をカルボキシ基に変換する必要がある。カルボキシ基の導入にはニトリルの加水分解や、臭化物と金属 Mg から生じる Grignard 試薬と CO_2 の反応が考えられる。芳香環にニトリル基を導入するには芳香族ジアゾニウム塩に CuCN を用いた Sandmeyer 反応がある。芳香族臭化物も芳香族ジアゾニウム塩に CuBr を用いた Sandmeyer 反応がある。

よって、p-ニトロトルエンのニトロ基を Fe と塩酸でアミノ基に還元し、$NaNO_2$ と塩酸で芳香族ジアゾニウム塩とし、続いて CuCN を用いた Sandmeyer 反応で p-メチルベンゾニトリルとし、最後に酸加水分解して p-トルイル酸とする。

あるいは、芳香族ジアゾニウム塩に CuBr を用いた Sandmeyer 反応で p-ブロモトルエンとし、金属 Mg と反応させて Grignard 試薬を調製してから、ドライアイスの粉体を加え、最後に酸処理して p-トルイル酸とする手法がある。

総合問題

問 4-1 次に示した反応 a)～c) において、生成物の合理的な合成法を示しなさい。なお、用いる試薬も明記すること。 **B**

a) $CH_3CH_2CH_2C{\equiv}CH \longrightarrow$ (cis-CH₃CH₂CH₂CH=CHCH₃ 構造の図)

b) (トルエン) $\longrightarrow$ (2-ブロモ-4-ニトロトルエン)

c) (トルエン) $\longrightarrow$ (7-メチル-4-フェニル-1,2-ジヒドロナフタレン構造)

問 4-2　アセチレンを原料として、次に示した生成物 **A**～**F** の合理的な合成法を示しなさい。なお、用いる試薬も明記すること。**B**

A　CH$_3$CH$_2$CH$_2$CH$_2$CH$_3$

B　HC≡C–CH$_2$OH

C　CH$_3$–C(=O)–CH$_2$CH$_2$CH$_3$

D　(ラセミ体) cis-2,3-エポキシ体（CH$_3$ と CH$_2$CH$_3$ が同側）

E　(ラセミ体) trans-2,3-エポキシ体（CH$_3$ と CH$_2$CH$_3$ が反対側）

F　CH$_3$CH$_2$CH$_2$CH$_2$CH=O

問 4-3　ベンゼンから次に示した化合物 **A**～**H** の合理的な合成法を示しなさい。なお、用いる試薬も明記すること。**B**

A　1,3-ジニトロベンゼン

B　1,4-ジブロモベンゼン

C　1,3-ジブロモベンゼン

D　4-ブロモアニソール (OCH$_3$, Br が para)

E　スチレン

F　2-エチル-1-重水素ベンゼン (CH$_2$CH$_3$, D が ortho)

G　2-エチルアニソール (OCH$_3$, CH$_2$CH$_3$ が ortho)

H　1-ブロモ-3-プロピルベンゼン (Br, CH$_2$CH$_2$CH$_3$ が meta)

問 4-4 トルエンから次に示した化合物 **A** ～ **D** の合理的な合成法を示しなさい。なお、用いる試薬も明記すること。 B

問 4-5 1-プロパノールと炭素数2以下の有機化合物、および無機試薬類を用いて、次に示した化合物 **A** ～ **H** の合理的な合成法を示しなさい。なお、用いる試薬も明記すること。 B

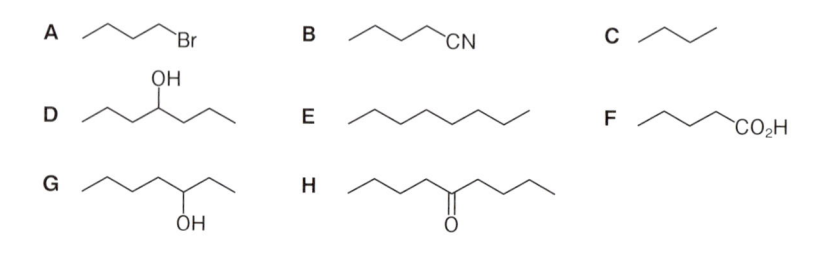

問 4-6 次の反応 a) ～ e) はラジカル反応で進行する。それぞれの反応の主生成物 **A** ～ **E** と反応機構をかきなさい。 B

a) $CH_3CH_2CH=CH_2$ $\xrightarrow[\text{HBr, (PhCO}_2)_2]{\text{光 }(h\nu)}$ **A**

b) $CH_3-CH(CH_3)-CH_3$ (isobutane) $\xrightarrow{Br_2, 光 (h\nu)}$ **B**

c) 4-chlorotoluene $\xrightarrow[加熱]{NBS, AIBN}$ **C**

d) シクロヘキセン $\xrightarrow{光 (h\nu) \ NBS, AIBN}$ **D**

e) イソブテン $\xrightarrow{光 (h\nu) \ CCl_4, (PhCO_2)_2}$ **E**

NBS = N-ブロモスクシンイミド (N–Br), AIBN = $CH_3-C(CH_3)(CN)-N=N-C(CH_3)(CN)-CH_3$

問 4-7 次に示した反応 a) および b) の合理的な合成法を示しなさい。なお、用いる試薬も明記すること。 **B**

a) 1,4-位に CH_2Br と $CH_2-CH=O$ をもつベンゼン $\longrightarrow$ 1,4-位に CH_3 と $CH_2-CH=O$ をもつベンゼン

b) 1,4-位に CO_2H と $CH_2-C(=O)-CH_3$ をもつベンゼン $\longrightarrow$ 1,4-位に CH_2OH と $CH_2-C(=O)-CH_3$ をもつベンゼン

問 4-8 シクロヘキサンカルボン酸から、次に示した化合物 **A**〜**E** の合理的な合成法を示しなさい。なお、用いる試薬も明記すること。 **B**

A シクロヘキサン-CN　　**B** ビシクロヘキシル　　**C** シクロヘキセン-CO₂H

D (dicyclohexyl ketone) **E** (cyclohexanecarboxylic acid cyclohexylmethyl ester)

問 4-9 次に示した a)〜l) の反応において、生成物 **A〜L** の合理的な合成法を示しなさい。なお、用いる試薬も明記すること。**B**

a) cyclohexanone → methylenecyclohexane **A**

b) $(CH_3)_2C=CH_2$ → $(CH_3)_2CH-CH_2D$ **B**

c) toluene → 4-methylbenzoic acid **C**

d) cyclohexanone → 2-propylcyclohexanone **D**

e) $CH_3CH_2CH_2CH_2OH$ → 3-ethyl-3-methylhexan-3-ol type product **E**

f) cyclohexanone → 1-methylcyclohexene **F**

g) $CH_2(COOC_2H_5)_2$ → $CH_3CH_2CH_2CH_2-COOH$ **G**

h) $CH_3CH_2CH_2-COOH$ → $CH_3CH_2CH_2-C(=O)-O^*CH_3$ **H** ($O^* = {}^{18}O$) (H_2O^* や CH_3O^*H は用いてよい)

i) $CH_3CH_2CH_2-COOH$ → $CH_3CH_2CH_2-C(=O^*)-OCH_3$ **I** ($O^* = {}^{18}O$) (H_2O^* や CH_3O^*H は用いてよい)

j) $CH_3CH_2CH_2-C(=O)Cl$ → $CH_3CH_2CH_2-C(=O)-CH_3$ **J**

k) $CH_3-C(Ph)(H)-C(=O)-CH_3$ → $CH_3-C(Ph)(H)-CH(OH)-$ **K**

l) $CH_3-C(=O)-OC_2H_5$ → $CH_3-C(=O)-CH_2CH_2CH_3$ **L**

問 4-10 次に示した反応 a)～ e) の反応機構を示しなさい。 B

a) [シクロヘキセニル酢酸] + Br₂ ⟶ [ブロモラクトン]

b) [2,6-ジメチルフェニル クロチルエーテル] —加熱→ [4-クロチル-2,6-ジメチルフェノール]

c) [N-メチル-クロロトロパン] —CH₃OH→ [N-メチル-メトキシトロパン]

d) メチルビニルケトン + 2-メチルシクロヘキサノン —C₂H₅ONa / C₂H₅OH→ [Wieland-Miescher型ケトン]

e) C₆H₅-CH=O + 無水コハク酸 —KOH / H₂O→ [フェニルパラコン酸カリウム塩]

問 4-11 次に示した反応 a) および b) の反応機構を示しなさい。 B

a) [ヒドロキシビニルデカロン] —C₂H₅ONa / C₂H₅OH→ [二環性ジケトン]

b) 2H-ピラン-2-オン + アセチレンジカルボン酸ジメチル —加熱→ フタル酸ジメチル + CO_2

問 4-12 次に示した反応 a)〜i) の反応機構を示しなさい。 **B**

問 4-13 次に示した反応 a)～d) において、原料から生成物の合理的な合成法を示しなさい。なお、用いる試薬も明記すること。 B

a) $CH_2CH_2CO_2H$ / $CH_2CH_2CO_2H$ ⟶ 1-methylcyclopentanol

b) トルエン ⟶ 3,5-ジブロモトルエン

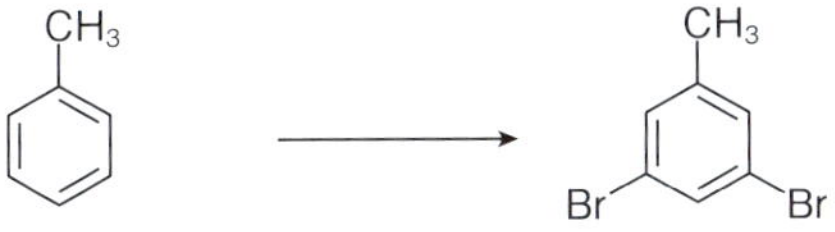

c) オクタリン誘導体 ⟶ アセチル化生成物

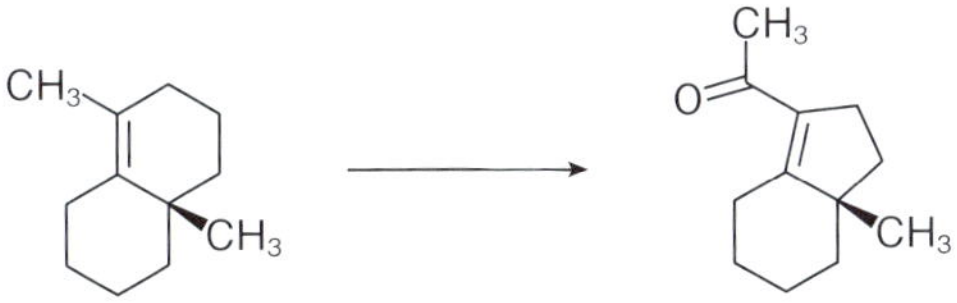

d) 無水グルタル酸 + ベンゼン ⟶ ベンゾスベロン

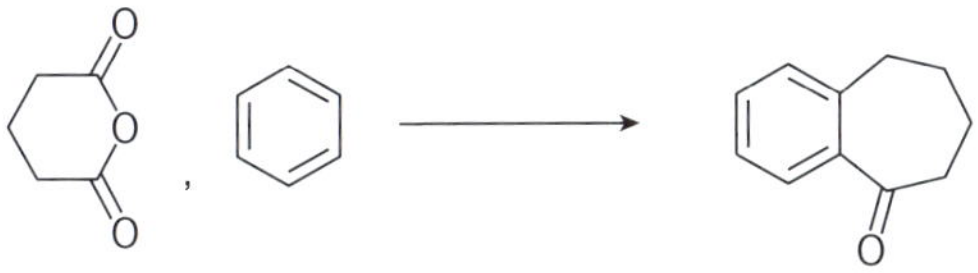

問 4-14 次に示した反応 a)～d) において、原料から生成物の合理的な変換法を示しなさい。なお、用いる試薬も明記すること。 B

a) (R)-2-ブロモヘキサン ⟶ (R)-2-メトキシヘキサン

b) 2-メチル-4-オキソブタン酸エチル ⟶ 2-メチル-4-オキソブタン-1-オール誘導体

c) トルエン ⟶ 4-イソプロペニルトルエン

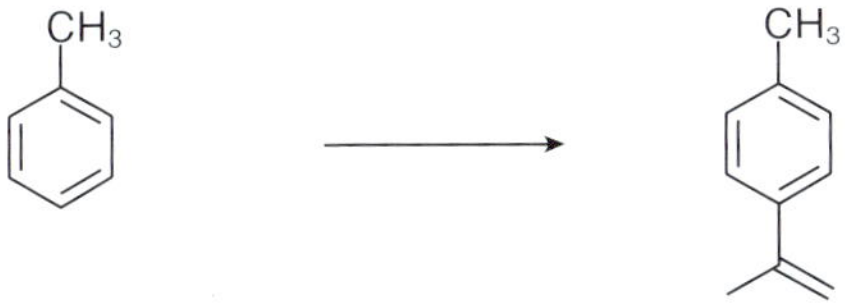

d) ニトロベンゼン ⟶ 4-ブロモニトロベンゼン

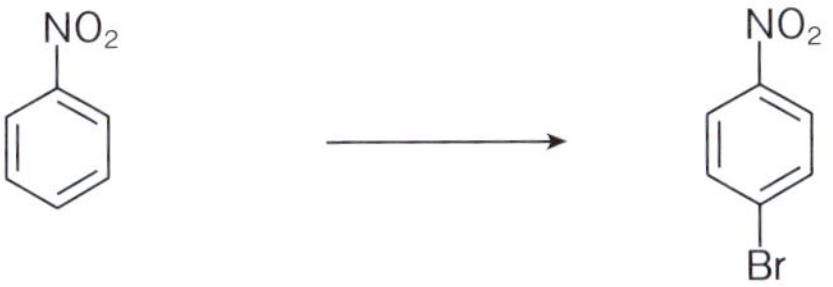

問 4-15 次に示した反応 a)～j) において、原料から生成物の合理的な合成法を反応式で示しなさい。なお、用いる試薬も明記すること。 B

a) シクロペンタノン → trans-2-メチルシクロペンタノール

b) ベンゼン → 3-ブロモ安息香酸

c) シクロヘキサノン → 6-オキソヘプタン酸 (CH₃CO-(CH₂)₄-CO₂H)

d) トルエン → 4-メチル安息香酸メチル

e) 1-メチルシクロヘキセン → 2-メチルシクロヘキサノン

f) トルエン → 4-メチル-3-ニトロ安息香酸

g) シクロヘキセン → シクロペンタンカルボン酸

h) メチレンシクロペンタン → ビニルシクロペンタン

i) 4-ペンテン-1-オール(ペンタノール) → 1-ヘキサノール

j) 3-ブテン-1-オール → 5-ヘキセン-1-オール

問 4-16 次に示した反応 a)～d) において、原料から生成物の合理的な合成法を示しなさい。なお、用いる試薬も明記すること。 B

a) 3-フェニル-1-プロピン → フェニルシクロプロパン誘導体 (trans-ジメチル)

b) ノルカンファー (ノルボルナノン) → cis-3-(2-ヒドロキシエチル)シクロペンタノール

c) ニトロベンゼン → 3-ブロモニトロベンゼン

d) [トルエン] → [PhCH$_2$CH$_2$C(=O)CH$_3$]

問 4-17 次に示した反応 a)〜d) において、生成物の合理的な合成法を示しなさい。なお、用いる試薬も明記すること。 B

a) トルエン → 4-メチルフェニル-CH$_2$CH$_2$CH$_2$CO$_2$H

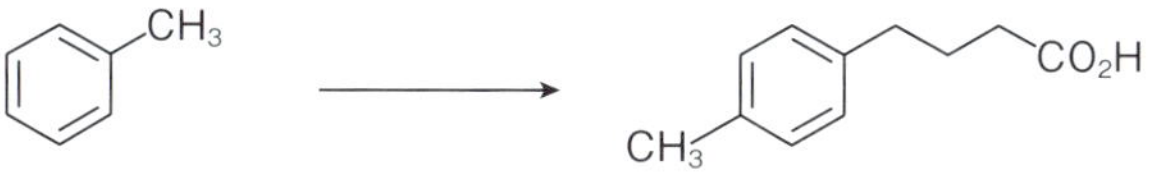

b) トルエン → 1-(CH$_3$O$_2$C)-4-(CH$_2$Br)ベンゼン

c) トルエン → 3-ブロモ安息香酸

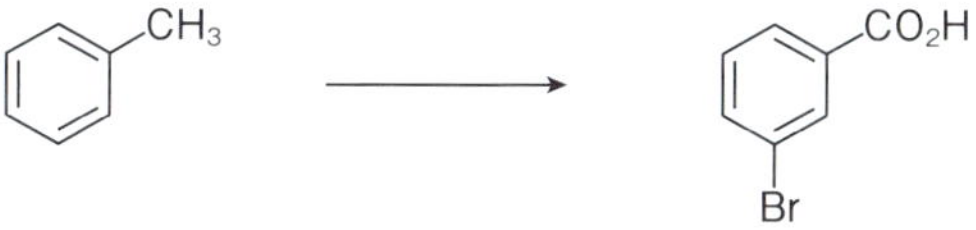

d) トルエン → 3-ブロモトルエン

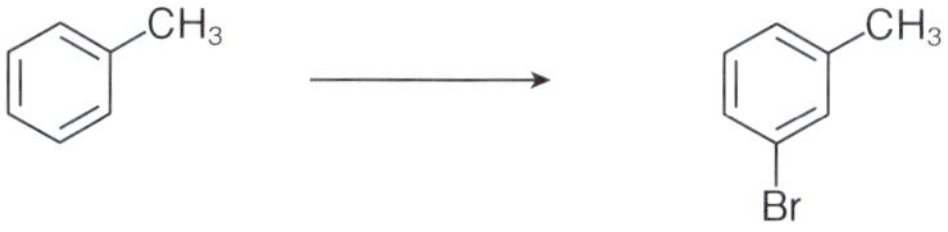

問 4-18 次に示した反応 a)〜d) において、生成物の合理的な合成法を示しなさい。なお、用いる試薬も明記すること。 B

a) Br-(CH$_2$)$_4$-Br → シクロペンタンカルボン酸

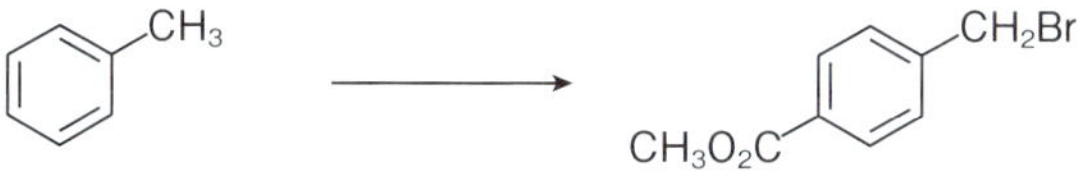

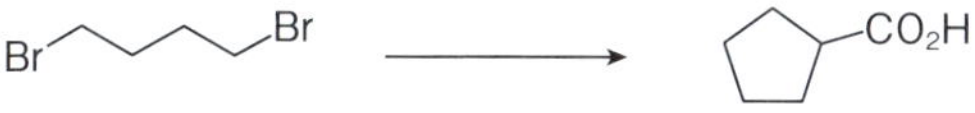

b) ナフタレン → ジクロロカルベン付加体（CCl$_2$架橋体）

c) フルオロベンゼン → 4-メトキシアニリン (H$_2$N-C$_6$H$_4$-OCH$_3$)

d) [反応式]

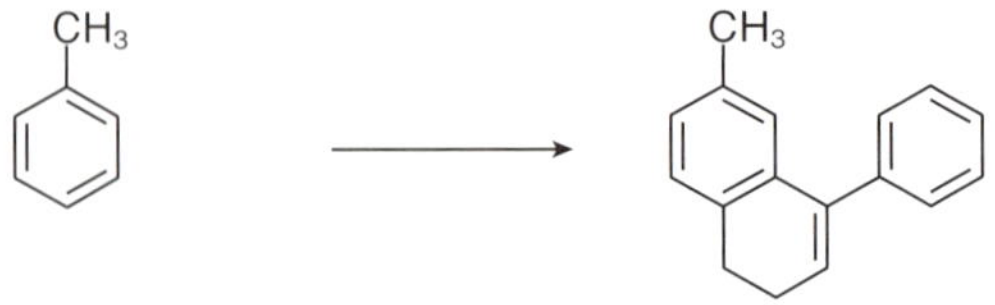

問 4-19 次に示した反応はスピロケトンの合成である。

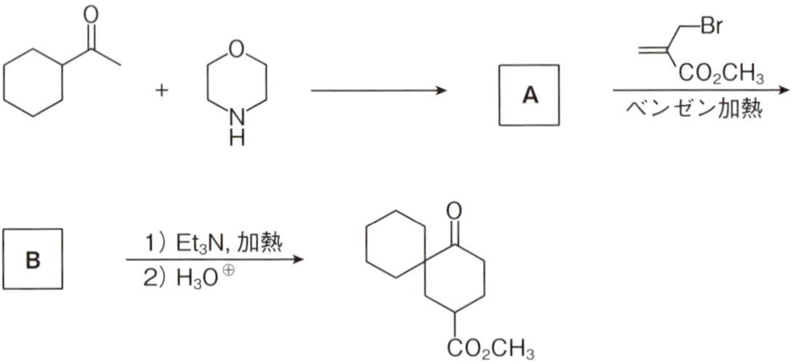

a) 化合物 **A** および **B** の構造式を示しなさい。
b) 化合物 **B** からスピロケトン形成の反応機構を示しなさい。

問 4-20 次に示した反応の反応機構を示しなさい〔*Org. Lett.*, **13**, 2376（2011）〕。

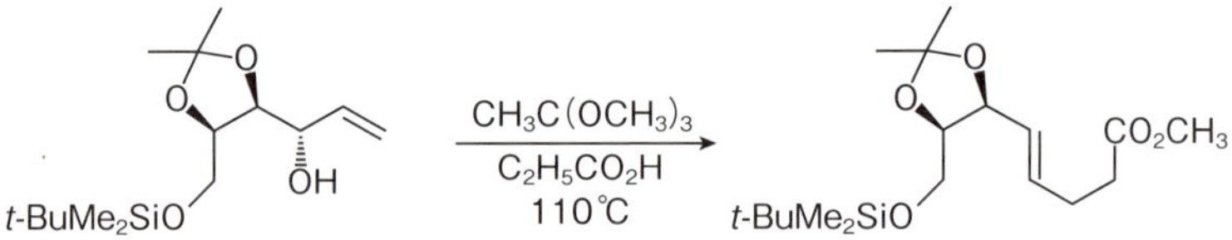

問 4-21 次に示した反応 a）および b）の反応機構を示しなさい〔*Org. Lett.*, **9**, 1785（2007）〕。

a)

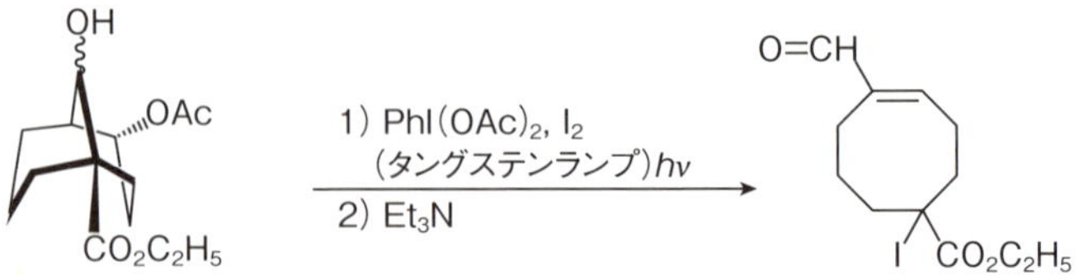

b) [反応式: ジサッカライド構造 + PhI(OAc)₂, I₂ (タングステンランプ)hν → 架橋生成物]

問 4-22 次に示した反応 a)〜d)において、生成物の合理的な合成法を示しなさい。なお、用いる試薬も明記すること。 C

a) テトラヒドロピラン-CH₂OH → テトラヒドロピラン-CH₂CO₂H

b) シクロヘキサノン → CH₃COCH₂CH₂CH₂CH₂CO₂H

c) CH₃CH(OH)CO₂C₂H₅ → CH₃CH(SH)CO₂C₂H₅

d) フルオロベンゼン → C₂H₅O-C₆H₄-NHCOCH₃

問 4-23 次に示した反応において、次の問いに答えなさい。 C

[反応式: イソプロピリデンシクロヘキサノン誘導体 →a→ アリルアルコール →b→ α-ヒドロキシケトン →(p-TsOH(触媒), HOCH₂CH₂OH)→]

[反応スキーム: A →(1) (CF₃SO₂)₂O, 2) DBU)→ B →(H₃O⁺)→ 3-メチル-2-シクロヘキセノン →(1) (CH₃)₂CuLi, 2) H₃O⁺)→ C]

DBU: [1,8-ジアザビシクロ[5.4.0]ウンデセン-7構造]

a) 試薬 **a** および **b** を化学式で示しなさい。
b) 化合物 **A**、**B** および **C** を構造式で示しなさい。

問 4-24 次に示した反応は補酵素ビタミン B_6 のピリドキサミン誘導体 **I** と α–ケトエステルの反応である [*Tetrahedron*, **68**, 6862 (2012)]。 [C]

[反応式: Ph-CO-CO₂Bu-t + ピリドキサミン誘導体 I →(1) Et₃N, CH₃OH, 60°C 2) 1N HCl)→ Ph-CH(NH₂)-CO₂Bu-t + [A]]

a) α–ケトエステルから α–アミノエステルへの反応機構を示しなさい。
b) 化合物 **A** の構造式を示しなさい。

問 4-25 次に示した補酵素ビタミン B_1 のチアミン誘導体は体内で糖の代謝に関わっている。 [C]

a) [ケトース (CH₂OH-CO-CHOH(HO-)-CHOH-CH₂OH) →(チアミン塩)→ CHO-CHOH-CH₂OH + CH₂OH-CHO]

b) [ピルビン酸 CH₃-CO-CO₂H →(チアミン塩)→ CH₃-CH=O + CO₂]

a) ケトースの炭素−炭素結合切断反応の反応機構を示しなさい。
b) α-ケト酸の脱炭酸の反応機構を示しなさい。

問 4-26 次に示した反応は、プロパルギルアルコールからの合成反応である〔*J. Org. Chem.*, **74**, 844 (2009)〕。C

a) 試薬 **a** を化学式で示しなさい。
b) 化合物 **A**、**B** および **C** を構造式で示しなさい。
c) 化合物 **A** から化合物 **B** 形成の反応機構を示しなさい。

問 4-27 次に示した反応は、α-アセチル-γ-ラクトンを原料とした合成反応である。C

a) 化合物 **A**、**B** および **C** を構造式で示しなさい。
b) 2-cyclopropyl-2-propanol から化合物 **C** 形成の反応機構を示しなさい。

問 4-28 次に示した反応は、ナフタレン誘導体 II の合成反応である [*Synlett*, **23**, 1789 (2012)]。 C

a) 試薬 a および b を化学式で示しなさい。
b) 化合物 A を構造式で示しなさい。
c) 化合物 I から II 形成の反応機構を示しなさい。

問 4-29 次に示した反応は、α-ナフトール誘導体 III の合成反応である [*Synlett*, **23**, 1769 (2012)]。 C

a) 化合物 I から II 形成の反応機構を示しなさい。
b) 化合物 II から III 形成の反応機構を示しなさい。

問 4-30 次に示した反応は Cubane-1,4-dicarboxylic acid 合成である。**C**

a) 化合物 I から化合物 II 形成の反応機構を示しなさい。
b) 中間体 A の構造式を示しなさい。
c) 化合物 IV から化合物 V 形成の反応機構を示しなさい。
d) 化合物 V から Cubane-1,4-dicarboxylic acid 形成の反応機構を示しなさい。

第4章 ● 解 答

問 4-1
a) 末端アルキンのメチル化、次に Pd–BaSO$_4$ あるいは Lindlar 触媒（Pd–CaCO$_3$–PbO）によりシス-アルケンへ還元する。
b) o-、p-配向のトルエンをニトロ化、続いて臭素化する。
c) Haworth 合成反応（分子間 Friedel–Crafts アシル化反応、カルボニル基のメチレンへの Clemmensen 還元反応、分子内 Friedel–Crafts アシル化反応）、次に Grignard 反応、最後に生じたアルコールの脱水反応。

a) CH$_3$CH$_2$CH$_2$C≡CH $\xrightarrow{\text{NaNH}_2, \text{THF}}$ CH$_3$CH$_2$CH$_2$C≡C:$^{\ominus}$ Na$^{\oplus}$ $\xrightarrow{\text{CH}_3\text{I}}$

CH$_3$CH$_2$CH$_2$C≡CCH$_3$ $\xrightarrow{\text{H}_2, \text{Pd–BaSO}_4}$ シス-CH$_3$CH$_2$CH$_2$CH=CHCH$_3$

b) トルエン $\xrightarrow{\text{HNO}_3, \text{H}_2\text{SO}_4}$ p-ニトロトルエン $\xrightarrow{\text{Fe, Br}_2}$ 2-ブロモ-4-ニトロトルエン

c) トルエン + 無水コハク酸 $\xrightarrow{\text{AlCl}_3}$ 4-(4-メチルフェニル)-4-オキソブタン酸 $\xrightarrow{\text{Zn–Hg, HCl}}$ 4-(4-メチルフェニル)ブタン酸 $\xrightarrow{\text{H}_2\text{SO}_4}$ 7-メチル-1-テトラロン $\xrightarrow{\text{1) PhMgBr, 2) H}_3\text{O}^{\oplus}}$ 1-ヒドロキシ-1-フェニル-7-メチルテトラリン $\xrightarrow{\text{H}_2\text{SO}_4}$ 1-フェニル-7-メチルジヒドロナフタレン

問 4-2

A HC≡CH $\xrightarrow[\text{2) CH}_3\text{CH}_2\text{CH}_2\text{Br}]{\text{1) NaNH}_2\text{ (あるいは }n\text{-BuLi)}}$ HC≡CCH$_2$CH$_2$CH$_3$ $\xrightarrow{\text{H}_2,\ \text{Pd-C}}$ CH$_3$CH$_2$CH$_2$CH$_2$CH$_3$

B HC≡CH $\xrightarrow[\text{3) H}_3\text{O}^\oplus]{\substack{\text{1) NaNH}_2\text{(あるいは }n\text{-BuLi)}\\ \text{2) CH}_2\text{=O}}}$ HC≡C–CH$_2$OH

C HC≡CH $\xrightarrow[\text{2) CH}_3\text{CH}_2\text{CH}_2\text{Br}]{\text{1) NaNH}_2\text{(あるいは }n\text{-BuLi)}}$ HC≡CCH$_2$CH$_2$CH$_3$ $\xrightarrow[\text{H}_2\text{O}]{\text{HgSO}_4,\ \text{H}_2\text{SO}_4}$ H$_2$C=C(OH)CH$_2$CH$_3$ ⇌ CH$_3$–C(=O)–CH$_2$CH$_3$

D HC≡CH $\xrightarrow[\text{2) CH}_3\text{I}]{\substack{\text{1) NaNH}_2\\ \text{(あるいは }n\text{-BuLi)}}}$ CH$_3$C≡CH $\xrightarrow[\text{2) CH}_3\text{CH}_2\text{Br}]{\substack{\text{1) NaNH}_2\\ \text{(あるいは }n\text{-BuLi)}}}$ CH$_3$C≡CCH$_2$CH$_3$

$\xrightarrow[\substack{\text{THF}\\ \text{(あるいは}\\ \text{Na, liq. NH}_3\text{)}}]{\text{LiAlH}_4}$ (trans-CH$_3$CH=CHCH$_2$CH$_3$) $\xrightarrow{m\text{CPBA}}$ (trans-エポキシド, ラセミ体)

mCPBA = 3-クロロ安息香酸 (m-Cl-C$_6$H$_4$-C(=O)-O-OH)

E HC≡CH $\xrightarrow[\text{2) CH}_3\text{I}]{\substack{\text{1) NaNH}_2\\ \text{(あるいは }n\text{-BuLi)}}}$ CH$_3$C≡CH $\xrightarrow[\text{2) CH}_3\text{CH}_2\text{Br}]{\substack{\text{1) NaNH}_2\\ \text{(あるいは }n\text{-BuLi)}}}$ CH$_3$C≡CCH$_2$CH$_3$

$\xrightarrow[\text{Lindlar触媒}]{\text{H}_2}$ (cis-CH$_3$CH=CHCH$_2$CH$_3$) $\xrightarrow{m\text{CPBA}}$ (cis-エポキシド, ラセミ体)

Lindlar触媒 = Pd–CaCO$_3$–PbO (あるいはH$_2$, Pd–BaSO$_4$)

F HC≡CH $\xrightarrow[\text{2) CH}_3\text{CH}_2\text{CH}_2\text{Br}]{\substack{\text{1) NaNH}_2\\ \text{(あるいは }n\text{-BuLi)}}}$ CH$_3$CH$_2$CH$_2$C≡CH $\xrightarrow{\text{B}_2\text{H}_6}$ (CH$_3$CH$_2$CH$_2$CH=CH–)$_3$B

$\xrightarrow{\text{H}_2\text{O}_2,\ \text{aq. NaOH}}$ CH$_3$CH$_2$CH$_2$CH=CH–OH ⇌ CH$_3$CH$_2$CH$_2$CH$_2$CH=O

A および **B**：アセチレンの水素は NaNH$_2$ や n-BuLi で容易にプロトンとして引抜け、カルボアニオンであるアセチリドを生じるので、アセチリドからハロゲン化アル

キルへの S_N2 反応で炭素・炭素結合を形成させる、あるいはカルボニル基へ付加させて、アルコールにする。

C：末端アセチレンへの水の付加反応。

D：アルキンを Na/liq.NH_3 あるいは $LiAlH_4$ でトランス-アルケンに還元してから、過酸でエポキシド化する。

E：アルキンを Lindlar 触媒（Pd–$CaCO_3$–PbO）あるいは Pd–$BaSO_4$ 触媒存在下の接触水素化でシス-アルケンに還元してから、過酸でエポキシド化する。

F：末端アルキンのプロピル化、続いて hydroboration–oxidation により、ビニルアルコールを生じてからアルデヒドを生成。

問 4-3

A：ベンゼンを混酸でジニトロ化（ニトロベンゼンは m-配向）する。

B：ベンゼンを臭素化（ブロモベンゼンは o, p-配向）する。

C：ニトロ化を経てアミノ基に変換し、その o-、p-配向を利用した臭素化後、アミノ基を還元的に除去する。

解 答

D: benzene →(CH₂=CH₂ equivalent, AlCl₃; actually propylene, AlCl₃)→ cumene →[O]→ cumene hydroperoxide →(H₂SO₄/H₂O)→ phenol →(K₂CO₃, CH₃I)→ anisole →(Br₂)→ 4-bromoanisole

E: benzene →(CH₃COCl, AlCl₃)→ acetophenone →(1) NaBH₄; 2) H₃O⁺)→ 1-phenylethanol →(H₂SO₄)→ styrene

F: benzene →(CH₃COCl, AlCl₃)→ acetophenone →(Zn–Hg, HCl)→ ethylbenzene; also benzene →(C₂H₅Br, AlCl₃)→ ethylbenzene →(Fe, Br₂)→ 2-bromoethylbenzene (and 4-bromoethylbenzene) →(1) Mg, THF; 2) D₂O)→ 2-deutero-ethylbenzene

G: benzene →(Fe, Cl₂)→ chlorobenzene →(HNO₃, H₂SO₄)→ 4-chloronitrobenzene →(CH₃ONa)→ 4-nitroanisole →(CH₃CH₂Br, AlCl₃)→ 2-ethyl-4-nitroanisole →(Fe, HCl あるいは H₂, Pd–C)→ 2-ethyl-4-aminoanisole →(NaNO₂, HCl)→ diazonium salt →(H₃PO₂)→ 2-ethylanisole

D：クメン法でフェノールを合成し、エーテル化してから臭素化する。
E：Friedel-Crafts アシル化反応後に還元して、アルコールを脱水する。
F：Friedel-Crafts アシル化反応してから Clemmensen 還元して、あるいは Friedel-Crafts アルキル化反応でエチルベンゼンとし、臭素化後に Grignard 反応で D を導入する。
G：クロロベンゼンをニトロ化し、CH_3ONa との S_NAr 反応で、p-ニトロアニソール、続いて Friedel-Crafts アルキル化反応し、ニトロ基を還元し、さらにジアゾ化して還元する。
H：Friedel-Crafts アシル化反応後にカルボニル基を Clemmensen 還元して、ニトロ化して、続いてアミノ基に還元し、その p-配向を利用してから、アミノ基をジアゾ化して還元する。

問 4-4

メチル基は o-、p-配向であり、混酸（濃硝酸と濃硫酸）で p-位をニトロ化し、鉄と塩酸でアミノ基に還元してからジアゾ化し、芳香族ジアゾニウムを KI によりヨウ素

[Reaction scheme: toluene → (HNO₃, H₂SO₄) → p-nitrotoluene → (Fe, HCl) → p-toluidine → (NaNO₂, HCl) → p-CH₃-C₆H₄-N₂⁺Cl⁻]

A: p-CH₃-C₆H₄-N₂⁺Cl⁻ → (KI) → p-iodotoluene

B: p-CH₃-C₆H₄-N₂⁺Cl⁻ → (CuCN) → p-CH₃-C₆H₄-CN

C: p-toluidine → (NaNO₂, HBF₄) → p-CH₃-C₆H₄-N₂⁺BF₄⁻ → (加熱) → p-fluorotoluene

D: p-CH₃-C₆H₄-N₂⁺Cl⁻ → (D₃PO₂) → p-CH₃-C₆H₄-D

あるいは

toluene → (Fe, Br₂) → p-bromotoluene → (1) Mg; 2) D₂O) → p-CH₃-C₆H₄-D

化（**A**：Griess 反応）、CuCN によりシアノ化（**B**：Sandmeyer 反応）、対イオンを BF$_4^-$ にしてから加熱してフッ素化（**C**：Schiemann 反応）、D$_3$PO$_2$ による重水素還元でトルエン-d$_1$（**D**）となる。トルエンを臭素化し、Grignard 試薬にしてから D$_2$O と反応させても、トルエン-d$_1$（**D**）となる。

問 4-5

A：炭素数が 1 つ増えているので、プロピル Grignard 試薬と CH$_2$=O の反応を利用する。

B：**A** の生成物と NaCN で S$_N$2 反応を行う。

C：**A** の生成物を LiAlH$_4$ で還元する。

D：プロピル Grignard 試薬（過剰）とギ酸メチルを反応させる、あるいは **A** で合成した 1-ブタノールからブタナールに酸化してから、プロピル Grignard 試薬を反応させる。

E：**A**の生成物に金属 Na を用いて Wurtz カップリング反応を用いる。
F：**A**で合成した臭化物からブチル Grignard 試薬に導き、二酸化炭素と反応させる、あるいは **B** のニトリルを酸加水分解する。
G：1-プロパノールをプロパナールに酸化し（Sarett 酸化）、**A**で合成した臭化ブチルから誘導したブチル Grignard 試薬と反応させる。
H：**B**で合成したニトリルに、**A**で合成した臭化ブチルから誘導したブチル Grignard 試薬を反応させる。

E CH₃CH₂CH₂CH₂Br —Na/THF→ オクタン

F ブチルBr —Mg/THF→ ブチルMgBr —1) CO₂ 2) H₃O⁺→ ペンタン酸

G 1-プロパノール —CrO₃/ピリジン→ プロパナール

   ブチルBr —Mg/THF→ ブチルMgBr —1) プロパナール 2) H₃O⁺→ 3-ヘプタノール

H ブチルBr —Mg/THF→ ブチルMgBr —1) ブチルCN 2) H₃O⁺→ 5-ノナノン

問 4-6

いずれもラジカル連鎖反応で進行し、開始段階、成長段階、停止段階からなる。

A CH₃CH₂CH₂CH₂Br

B (CH₃)₃C–Br

C 4-Cl-C₆H₄-CH₂Br

D 3-ブロモシクロヘキセン（ラセミ体）

E (CH₃)₂C(Cl)CH₂CCl₃

a) アルケンへの *anti*-Markovnikov 型 HBr 付加反応で、・Br ラジカルがアルケン末端に付加して、より安定な第二級炭素ラジカルを生じる。チェーンキャリアは Br・である。

$$(PhCO_2)_2 \xrightarrow{h\nu} 2PhCO_2\cdot$$

$$HBr + PhCO_2\cdot \longrightarrow PhCO_2H + Br\cdot$$

$$CH_3CH_2CH=CH_2 + Br\cdot \longrightarrow CH_3CH_2\dot{C}HCH_2Br$$

$$CH_3CH_2\dot{C}HCH_2Br + HBr \longrightarrow \underset{A}{CH_3CH_2CH_2CH_2Br} + Br\cdot$$

開始段階／成長段階／チェーンキャリア／連鎖反応

b) 炭化水素のラジカル臭素化反応で、中間体は、より安定な第三炭素ラジカルを生じる。チェーンキャリアは Br・である。

$$Br_2 \xrightarrow{h\nu} 2Br_2\cdot$$

$$(CH_3)_3CH + Br\cdot \longrightarrow (CH_3)_3C\cdot + HBr$$

$$(CH_3)_3C\cdot + Br_2 \longrightarrow \underset{B}{(CH_3)_3C-Br} + Br\cdot$$

$$(CH_3)_3C\cdot + Br\cdot \longrightarrow (CH_3)_3C-Br$$

開始段階／成長段階／チェーンキャリア／停止段階／連鎖反応

c) Wohl-Ziegler反応でベンジル位の臭素化反応。チェーンキャリアはBr・である。

開始段階:
- $CH_3-C(CH_3)(CN)-N=N-C(CH_3)(CN)-CH_3 \xrightarrow{熱} 2\ CH_3-\overset{\cdot}{C}(CH_3)-CN + N_2$
- $Br_2 + CH_3-\overset{\cdot}{C}(CH_3)-CN \longrightarrow Br\cdot + CH_3-C(CH_3)(Br)-CN$

成長段階（連鎖反応）:
- $ClC_6H_4-CH_3 + Br\cdot \longrightarrow ClC_6H_4-\overset{\cdot}{C}H_2 + HBr$
- $ClC_6H_4-\overset{\cdot}{C}H_2 + Br_2 \longrightarrow ClC_6H_4-CH_2Br\ (C) + Br\cdot$ （チェーンキャリア）

停止段階:
- $ClC_6H_4-\overset{\cdot}{C}H_2 + \cdot Br \longrightarrow ClC_6H_4-CH_2Br$

極性反応（少量）:
- N-ブロモスクシンイミド $+ HBr \longrightarrow$ スクシンイミド $+ Br_2$

d) Wohl-Ziegler 反応でアリル位の臭素化反応。チェーンキャリアは Br· である。

$$CH_3\text{-}\underset{CN}{\underset{|}{C}}\text{-}N=N\text{-}\underset{CN}{\underset{|}{C}}\text{-}CH_3 \xrightarrow{h\nu} 2\ CH_3\text{-}\underset{CN}{\underset{|}{\overset{CH_3}{\overset{|}{C}}}}\text{·} + N_2$$

開始段階

$$Br_2 + CH_3\text{-}\underset{CN}{\underset{|}{\overset{CH_3}{\overset{|}{C}}}}\text{·} \longrightarrow Br\text{·} + CH_3\text{-}\underset{Br}{\underset{|}{\overset{CH_3}{\overset{|}{C}}}}\text{-}CN$$

シクロヘキセン + Br· ⟶ シクロヘキセニル· + HBr

成長段階 (連鎖反応)

シクロヘキセニル· + Br₂ ⟶ **D** (ブロモシクロヘキセン) + Br· (チェーンキャリア)

シクロヘキセニル· + Br· ⟶ ブロモシクロヘキセン

停止段階

NBS + HBr ⟶ スクシンイミド + Br₂ (少量)

極性反応

e) アルケン末端への ·CCl₃ ラジカル付加がポイントで、より安定な第三級炭素ラジカルを生じる。チェーンキャリアは ·CCl₃ である。

$$(PhCO_2)_2 \xrightarrow{h\nu} 2PhCO_2\text{·} \longrightarrow 2Ph\text{·} + 2CO_2$$

$$CCl_4 + Ph\text{·} \longrightarrow PhCl + \text{·}CCl_3$$

開始段階

イソブテン + ·CCl₃ ⟶ 第三級ラジカル-CCl₃

成長段階 (連鎖反応)

第三級ラジカル-CCl₃ + CCl₄ ⟶ **E** (Cl, CCl₃ 付加生成物) + ·CCl₃ (チェーンキャリア)

問 4-7

a) 酸触媒存在下でカルボニル基をアセタール保護してから、LiAlH₄ で臭素を還元し、最後に酸加水分解でアセタールを脱保護する。

b) 酸触媒存在下でケトンをアセタール保護し、同時にカルボキシ基もエステル化して、LiAlH₄ でエステルを還元し、最後に酸加水分解でアセタールを脱保護する。

問 4-8

A：カルボン酸を SOCl₂ でカルボン酸塩化物とし、アンモニア水と反応させてアミド化、次に五酸化リンで脱水してニトリル化する。

B：カルボン酸を Na 塩としてから、電解質を溶かした水溶液で Kolbe 電解酸化を行う。

C：カルボン酸に Hell–Volhard–Zelinskii 反応を行い、続いて塩基による E2 反応を行う。

- **D**：カルボン酸の銀塩と臭素（Br_2）の Hunsdiecker 反応から臭化アルキルを合成し、これを Grignard 試薬に導いて、先に合成したニトリル **A** と反応させて、生じたイミンを加水分解する。
- **E**：カルボン酸とメタノールから Fischer エステル合成法でエステルとし、$LiAlH_4$ で還元して第一級アルコールとし、**A** の合成で用いたカルボン酸塩化物と反応させる。

問 4-9

- **A**：Wittig 反応を行う。
- **B**：過酸化物を用いて *anti*-Markovnikov でアルケンに HBr を付加させ、次に Grignard 試薬にして重水と反応させる。

解答

A C₆H₁₀=O + Ph₃P=CH₂ ⟶ C₆H₁₀=CH₂ + Ph₃P=O

B (CH₃)₂C=CH₂ $\xrightarrow[\text{HBr}]{\text{(PhCO}_2)_2\ (触媒量)}$ (CH₃)₂CH-CH₂Br $\xrightarrow[\text{エーテル}]{\text{Mg}}$

(CH₃)₂CH-CH₂MgBr $\xrightarrow{\text{D}_2\text{O}}$ (CH₃)₂CH-CH₂D

C C₆H₅-CH₃ $\xrightarrow{\text{Fe, Br}_2}$ 4-Br-C₆H₄-CH₃ $\xrightarrow[\text{エーテル}]{\text{Mg}}$ 4-MgBr-C₆H₄-CH₃ $\xrightarrow{\text{CO}_2}$ 4-CH₃-C₆H₄-CO₂MgBr $\xrightarrow{\text{H}_3\text{O}^\oplus}$ 4-CH₃-C₆H₄-CO₂H

D シクロヘキサノン + モルホリン ⟶ エナミン $\xrightarrow{\text{CH}_3\text{CH}_2\text{CH}_2\text{Br}}$ (イミニウム中間体) $\xrightarrow{\text{H}_3\text{O}^\oplus}$ 2-プロピルシクロヘキサノン

E CH₃CH₂CH₂CH₂OH $\xrightarrow[\text{ピリジン}]{\text{CrO}_3}$ CH₃CH₂CH₂CHO $\xrightarrow[\text{2) H}_3\text{O}^\oplus]{\text{1) C}_2\text{H}_5\text{MgBr}}$ CH₃CH₂CH₂CH(OH)C₂H₅

$\xrightarrow{\text{CrO}_3}$ CH₃CH₂CH₂C(=O)C₂H₅ $\xrightarrow[\text{2) H}_3\text{O}^\oplus]{\text{1) (CH}_3)_2\text{CHMgBr}}$ CH₃CH₂CH₂C(OH)(C₂H₅)CH(CH₃)₂

F シクロヘキサノン $\xrightarrow[\text{2) H}_3\text{O}^\oplus]{\text{1) CH}_3\text{MgI}}$ 1-メチルシクロヘキサノール $\xrightarrow{\text{濃 H}_2\text{SO}_4}$ 1-メチルシクロヘキセン

G CH₂(CO₂C₂H₅)₂ $\xrightarrow[\text{エタノール}]{\text{C}_2\text{H}_5\text{ONa}}$ Na$^\oplus$:CH(CO₂C₂H₅)₂$^\ominus$ $\xrightarrow{\text{CH}_3\text{CH}_2\text{CH}_2\text{Br}}$

CH₃CH₂CH₂CH(CO₂C₂H₅)₂ $\xrightarrow{\text{H}_3\text{O}^\oplus}$ CH₃CH₂CH₂CH(CO₂H)₂

$\xrightarrow[\text{(-CO}_2)]{\text{加熱}}$ CH₃CH₂CH₂CH₂CO₂H

H CH₃CH₂CH₂C(=O)OH →[濃 H₂SO₄ / CH₃○H] CH₃CH₂CH₂C(=O)O●CH₃
(● = ¹⁸O)

I CH₃CH₂CH₂C(=O)OH →[濃 H₂SO₄ / H₂●] CH₃CH₂CH₂C(=O)O●H →[SOCl₂]
(● = ¹⁸O)

CH₃CH₂CH₂C(=●)Cl →[CH₃OH / ピリジン] CH₃CH₂CH₂C(=●)OCH₃

J CH₃CH₂CH₂C(=O)Cl →[(CH₃)₂CuLi] CH₃CH₂CH₂C(=O)CH₃

2CH₃Li + CuI ⟶ (CH₃)₂CuLi + LiI

K CH₃–C(Ph)(H)–C(=O)CH₃ →[mCPBA] CH₃–C(Ph)(H)–O–C(=O)CH₃ →[1) aq. NaOH 2) 中和] CH₃–C(Ph)(H)–OH

mCPBA = 3-クロロ過安息香酸 (m-Cl-C₆H₄-C(=O)-O-OH)

L 2 CH₃C(=O)OC₂H₅ →[1) C₂H₅ONa 2) 中和] CH₃C(=O)CH₂CO₂C₂H₅ →[C₂H₅Br / C₂H₅ONa] CH₃C(=O)–CH(C₂H₅)–CO₂C₂H₅

→[H₃O⁺] CH₃C(=O)–CH(C₂H₅)–CO₂H →[加熱 (-CO₂)] CH₃C(=O)–CH₂CH₂CH₃

C：ベンゼン環に臭素を導入し、Grignard 試薬にして二酸化炭素を作用させる。

D：エナミンを合成してから、モノアルキル化し、次に生じたインモニウム塩を加水分解する。

E：CrO_3–ピリジンで 1-ブタノールを Sarett 酸化してアルデヒドとし、C_2H_5MgBr

による付加反応で第二級アルコールを合成し、そのケトンへの酸化、最後に$(CH_3)_2CHMgBr$ を用いたケトンへの Grignard 反応を行う。

F：Grignard 反応で生じたアルコールを脱水する。
G：マロン酸エステル合成法により、カルボン酸を合成する。
H：$CH_3^{18}OH$ を用いて Fischer エステル合成反応を利用する。
I：$H_2^{18}O$ で $R-C^{18}O_2H$ に、続いて酸塩化物にしてから CH_3OH を用いてエステルを合成する。エステル化は Fischer エステル合成反応を用いてもよい。
J：求核性の穏やかな $(CH_3)_2CuLi$ を利用する。
K：Baeyer–Villiger 酸化反応を行い、生じたエステルを加水分解する。
L：Claisen 縮合反応で β-ケトエステルを合成し、次にアセト酢酸エステル合成法で、メチルケトンを合成する。

問 4-10

a) 三員環ブロモニウムイオン中間体を経由したブロモラクトン化反応。

b) Claisen 転位反応（[3,3] シグマトロピー転位反応）と Cope 転位反応（[3,3] シグマトロピー転位反応）が連続的に生じる。

c） 窒素原子による隣接基関与反応で、同一炭素原子上でS_N2反応が2度繰り返される。

d） Robinson環化反応で、Michael付加反応とアルドール縮合反応が連続的に生じる。

e） Claisen-Schmidt型反応と、生じたアルコキシドの無水カルボン酸との反応によるラクトン化反応。

問 4-11

a) β-開裂反応と分子内 Michael 付加環化反応。

b) Diels-Alder 付加環化反応と逆 Diels-Alder 反応。

問 4-12

a) 中間体の第二級カルボカチオンから、より安定な第三級カルボカチオンへの転位が伴う。

b) 安定なベンジル系カチオンの β-脱離反応により、ビニルアルコールを生成する。

c) エステルのアルカリ加水分解と、生じたアルコキシドアニオンから歪みのある4員環のβ-開裂反応（逆アルドール反応）、続いて安定な6員環状共役ケトンへの分子内アルドール縮合反応。

d) ベンザインを形成してから、アミドアニオンによる求核付加反応。

e) 水酸基の脱離にともなう、Wagner-Meerwein 転位反応で、より安定な第三級カルボカチオンを生じてから、置換基の多いアルケンを生成する（Zaitsev 則）。

f) α,β-エポキシエステルを生じる Darzens 縮合反応。

g) 分子内アルドール反応と、生じたアルコキシドの β-開裂反応による環拡大反応。

（9員環）

h) 1,2-アミノアルコールのジアゾ化により、1,2-転位を伴うピナコール・ピナコロン転位反応でスピロ体を生じる。

i) 分子内アルドール縮合反応で、安定な5員環状共役ケトンを形成する。

問 4-13

a) カルボン酸を Fischer エステル化反応でエステル化し、Dieckmann 縮合反応で β-ケトエステルとし、酸加水分解して生じた β-ケト酸は加熱脱炭酸してシクロペンタノンとする。次はカルボニル基にメチル Grignard 試薬と付加させる。

b) トルエンをニトロ化し（o,p-配向）、アミノ基に還元してからアセトアミドとして、臭素を作用させる（N-アセチル基に対して o,p-配向）。最後はアミノ基に加水分解し、ジアゾ化して H_3PO_2 でラジカル還元する。

c) オゾン化してジケトンとしてから、分子内アルドール縮合で安定な 5 員環共役ケトンとなる。

d) Haworth 合成反応（分子間 Friedel-Crafts アシル化反応、カルボニル基のメチレンへの Wolff-Kishner 還元反応、分子内 Friedel-Crafts アシル化反応）を行う。

問 4-14
a) 臭素の付根炭素上で S_N2 反応を2回行う。

あるいは

b) アルデヒド基をエチレングリコールでアセタール保護してから、還元剤を反応させ、その後に保護基を除去する。

c) アリール Grignard 試薬に導いてから、アセトンと反応させ、生じた第三級アルコールを脱水する。

d) ニトロ基を還元してからアセチル化してアセトアミドとし、その o,p-配向を利用して臭素化し、続いてアミドを加水分解する。最後に過酸でアミノ基をニトロ基に酸化する。

問 4-15

a) MeMgI でケトンに Grignard 付加反応を行い、生じた第三級アルコールを脱水する。最後に生じたアルケンを hydroboration-oxidation する。

b) ベンゼンを臭素化し、PhMgBr としてから二酸化炭素への付加反応により安息香酸とする。最後に Fe と Br_2 で m-位を臭素化する。

c) MeMgI でケトンに Grignard 付加反応を行い、生じた第三級アルコールを脱水する。最後に生じたアルケンを $KMnO_4$ 水溶液で酸化する。

d) トルエンを Fe と Br_2 で p-位を臭素化し、Grignard 試薬にしてから二酸化炭素への付加反応により p-メチル安息香酸とし、最後に Fischer エステル合成反応を用いる。

e) アルケンを hydroboration-oxidation し、生じたアルコールを CrO_3 でケトンに酸化する。

f) トルエンを Fe と Br_2 で p-位を臭素化し、Grignard 試薬にしてから二酸化炭素への付加反応により p-メチル安息香酸とし、最後に混酸でニトロ化する。

g) シクロヘキセンに含水系で臭素を加えてブロモヒドリンとし、さらに CrO_3 でケトンに酸化してから、生じた α-ハロケトンの Favorskii 転位反応を行う。

h) *exo*-メチレンを hydroboration-oxidation し、生じたアルコールを CrO_3-ピリジン系(Sarett 酸化反応)でアルデヒドに酸化する。最後に $Ph_3P=CH_2$ イリドを用いて Wittig 反応を行う。

i) アルコールを PBr_3 あるいは Ph_3P/CBr_4 で臭素化する。その後に Grignard 試薬として $HC_2=O$ と反応させる。

j) アルコールを PBr_3 あるいは Ph_3P/CBr_4 で臭素化する。その後に Grignard 試薬としてエチレンオキシドと反応させる。

問 4-16

a) 末端アルキン水素をエチル化し、Lindlar 触媒（Pd-CaCO$_3$-PbO）あるいは Pd-BaSO$_4$ で *cis*-アルケンに還元し、最後に Rh 触媒存在下でジアゾメタンと反応させてシクロプロパン環を構築する。

b) ケトンを *m*CPBA による Baeyer-Villiger 酸化反応でラクトン化し、続いて LiAlH$_4$ 還元してジオールとする。

c) ニトロベンゼンを Fe と HCl でアニリンへ還元し、アセトアニリドとしてから *p*-位をニトロ化し、続いて臭素化する。アミドを加水分解してアミノ基とし、ジアゾ化してから H$_3$PO$_2$ でラジカル還元する。

d) トルエンに NBS を用いて Wohl-Ziegler 反応を行い、続いてアセト酢酸エチル合成法を用いてベンジル化し、最後に酸加水分解と加熱脱炭酸で、メチルケトンとする。

問 4-17

a) 無水コハク酸を用いてトルエンの Friedel-Crafts アシル化反応、続いてカルボニル基の Clemmensen 還元（Zn-Hg, HCl）、あるいは Wolff-Kishner 還元（NH_2NH_2, KOH）で γ-（p-トリル）酪酸に導く。

b) トルエンの臭素化後に Grignard 試薬とし、二酸化炭素との反応からカルボキシ基を導入する。次に Fischer エステル合成し、最後に Wohl-Ziegler 反応でベンジル位を臭素化する。

c) トルエンのメチル基を $KMnO_4$ で酸化し、生じた安息香酸の m-位を臭素化する。

d) トルエンをニトロ化し、続いてアミノ基に還元してからアセトアミドとする。続いてアミド基 o-位に臭素を導入し、アミドを加水分解してから、最後にアミノ基をジアゾ化して、H_3PO_2 で還元する。

解 答

189

a)

CH₃-C₆H₅ + 無水コハク酸 → (AlCl₃) → 4-(4-メチルフェニル)-4-オキソブタン酸

Zn–Hg, HCl あるいは KOH, NH₂NH₂ → 4-(4-メチルフェニル)ブタン酸

b)

トルエン → (Fe, Br₂) → 4-ブロモトルエン → 1) Mg 2) CO_2 3) H_3O^+ → 4-メチル安息香酸

濃H_2SO_4 / CH_3OH → 4-メチル安息香酸メチル → AIBN, NBS → 4-(ブロモメチル)安息香酸メチル

c)

トルエン → $KMnO_4$ / aq. H_2SO_4 → 安息香酸 → Fe, Br₂ → 3-ブロモ安息香酸

d)

トルエン → HNO_3, H_2SO_4 → 4-ニトロトルエン → Fe, HCl → 4-メチルアニリン

Ac₂O → 4-メチルアセトアニリド → Br₂ → 2-ブロモ-4-メチルアセトアニリド → H_2SO_4 / H_2O →

2-ブロモ-4-メチルアニリン → NaNO₂, HCl → ジアゾニウム塩 (Cl⁻ N₂⁺) → H_3PO_2 → 3-ブロモトルエン

問 4-18

a) マロン酸エステル合成法を用いて 1,4-ジブロモブタンから環状ジカルボン酸エステルを合成し、加水分解してから加熱脱炭酸を行う。

b) Birch 還元し、続いて電子密度の高い内部アルケンのみをカルベン付加環化反応させる。

c) フッ素は o-、p-配向のため p-位にニトロ基を導入し、続いて芳香環上の求核置換反応（SNAr）、最後にニトロ基を還元する。

d) 無水コハク酸を用いて Friedel–Crafts アシル化反応、Clemmensen 還元（Zn–Hg, HCl）、分子内 Friedel–Crafts アシル化反応（Haworth 合成反応）、最後に PhMgBr を用いて Grignard 付加反応を行い、生じた第三級アルコールを脱水する。

問 4-19

a) Stork エナミン合成とその Michael 付加反応、続いて 6-*endo-trig* 環化反応、最後にイミニウム塩の加水分解。

化合物 **A**:   化合物 **B**:

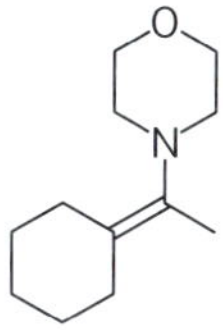

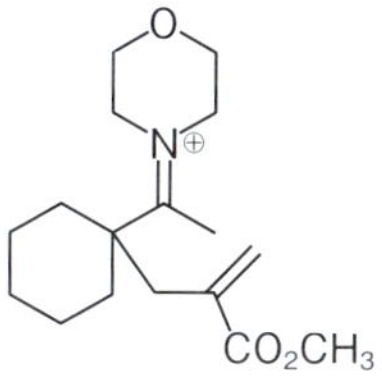

b) 化合物 **B** からスピロ化合物の反応機構:

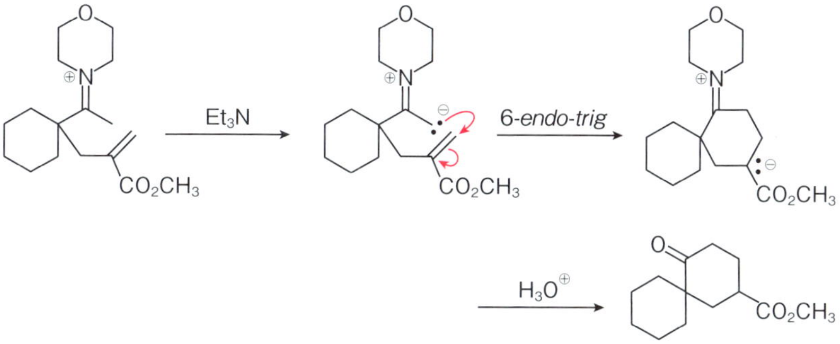

問 4-20

オルト酢酸メチルで、アリルアルコールからビニルエーテル型 1,5-ジエンを形成し、[3,3] シグマトロピー転位反応で、γ,δ 飽和エステルを形成する。これは、Ireland–Claisen 転位反応である。

$$CH_3C(OCH_3)_3 + CH_3CO_2H \longrightarrow CH_3\overset{+}{C}(OCH_3)(OCH_3) \quad CH_3CO_2^- + CH_3OH$$

問 4-21

PhI(OAc)$_2$ と I$_2$ から AcOI を形成し、AcOI はアルコール（ROH）と反応して、RO−I を形成し、光照射により O−I 結合は均一開裂してアルコキシルラジカル（RO・）を生じる。

$$\text{PhI(OAc)}_2 + \text{I}_2 \longrightarrow \text{PhI} + 2\text{AcO−I}$$
$$\text{ROH} + \text{AcO−I} \longrightarrow \text{RO−I} + \text{AcOH}$$
$$\text{RO−I} \xrightarrow{h\nu} \text{RO・} + \text{I・}$$

a) は生じたアルコキシルラジカルの β-開裂反応でアルデヒド基をもつ α-エステルラジカルとなり、ヨウ素と反応して α-ヨードエステルとなる。Et$_3$N との反応による AcOH の β-脱離反応で、不飽和アルデヒド基をもつ 8 員環の α-ヨードエステルとなる。

b) 同様にして生じたアルコキシルラジカル（RO・）が糖アノマー位から水素原子を引抜く 1,6-H シフト（Barton 反応）が生じて、糖アノマーラジカルとなり、これは PhI(OAc)$_2$ で酸化されて、糖アノマーカチオンとなり、側鎖水酸基の求核攻撃でスピロ体を形成する。

問 4-22

a) アルコールを O-メシル化し、次に NaCN で S$_N$2 反応して C$_1$ 増炭し、最後に酸加水分解する。

b) ケトンに CH$_3$MgI を作用させ、第三級アルコールとしてから脱水し、生じたアルケンを KMnO$_4$ で酸化する。あるいは、Stork エナミン合成を用いる。つまり、ケトンとモルホリンからエナミンを合成し、CH$_3$I との反応、続く酸加水分解で、α-メチルシクロヘキサノンとする。これをアルコールに還元し、続く脱水で生じたアルケンをオゾン酸化する。

c) アルコールを O-メシル化し、次に CH$_3$CO-SH で S$_N$2 反応してチオールエステルとしてから、アルカリ加水分解する。

d) ハロベンゼンは o-/p-配向なので、混酸で p-ニトロ化し、EtONa で S$_N$Ar 反応を行い、次にニトロ基をアミノ基に還元して、アセチル化する。

a) 反応スキーム:
シス-2-メチル-6-(ヒドロキシメチル)テトラヒドロピラン + CH₃SO₂Cl / Et₃N → メシラート → NaCN → ニトリル → H₃O⁺ → カルボン酸

$$\text{CH}_3\text{SO}_2\text{Cl}, \text{Et}_3\text{N} \longrightarrow \text{OSO}_2\text{CH}_3 \xrightarrow{\text{NaCN}} \text{CN} \xrightarrow{\text{H}_3\text{O}^{\oplus}} \text{CO}_2\text{H}$$

b) シクロヘキサノン
1) CH₃MgI
2) H₃O⁺
→ 1-メチルシクロヘキサノール → 濃 H₂SO₄ → 1-メチルシクロヘキセン → KMnO₄ / H₂O → CH₃CO(CH₂)₃CO₂H

あるいは:
シクロヘキサノン + HN(モルホリン) → エナミン → CH₃I → イミニウム → H₃O⁺ → 2-メチルシクロヘキサノン

1) LiAlH₄
2) H₃O⁺
→ 2-メチルシクロヘキサノール → 濃 H₂SO₄ → 1-メチルシクロヘキセン → O₃ → CH₃CO(CH₂)₃CO₂H

c) CH₃CH(OH)CO₂C₂H₅
→ CH₃SO₂Cl / Et₃N → CH₃CH(OSO₂CH₃)CO₂C₂H₅
→ CH₃C(=O)SH / Et₃N → CH₃CH(S-C(=O)CH₃)CO₂C₂H₅
→ K₂CO₃ / EtOH → CH₃CH(SH)CO₂C₂H₅

d) フルオロベンゼン → HNO₃, H₂SO₄ → p-ニトロフルオロベンゼン → C₂H₅ONa / エタノール → p-ニトロフェネトール → Fe, HCl → p-フェネチジン (H₂N-C₆H₄-OC₂H₅) → Ac₂O → CH₃C(=O)-NH-C₆H₄-OC₂H₅

問 4-23

a) カルボニル基を $NaBH_4$ 還元してから、ケトンをエチレングリコールでアセタール保護する。続いて水酸基を O-トリフレート化してから DBU を用いた E2 反応でアルケンへ、最後にケトンへ脱保護する。

　　試薬 **a**：1) $NaBH_4$, CH_3OH　　2) H_3O^+

　　試薬 **b**：1) O_3　　2) Zn, H_2O

b) 化合物 **A**：　　　　　化合物 **B**： 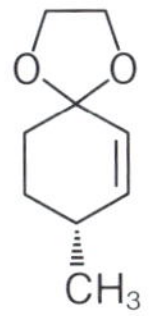　　　　　化合物 **C**：

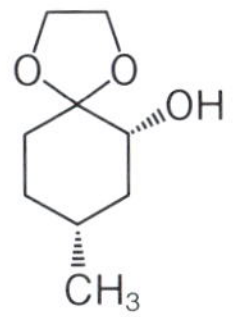

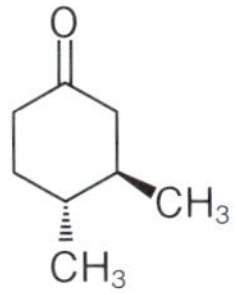

問 4-24

a) 補酵素ビタミン B_6 のピリドキサミンは α-ケトエステルと反応して、α-アミノエステルとピロドキサールになる。条件により、この逆反応も生じる。体内ではビタミン B_6 がアミノ酸を α-ケト酸に変換したり、逆に α-ケト酸から α-アミノ酸を合成している。

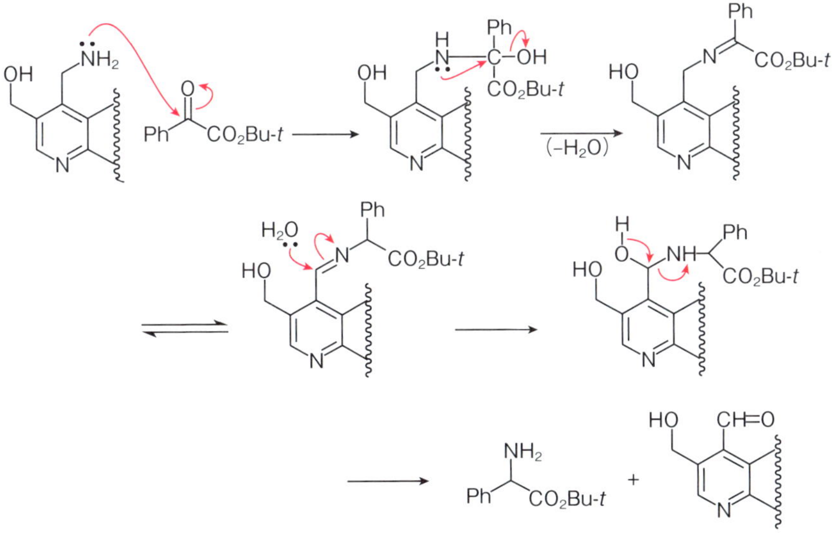

b) 化合物 **A**：

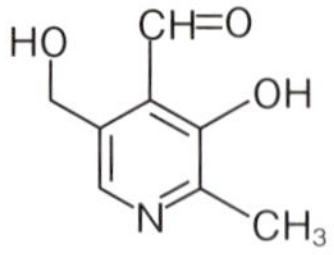

問 4-25

a) および b)：ビタミン B_1 は糖の解糖に重要な働きをしており、ケトースの炭素-炭素結合の形成や切断、ピルビン酸の脱炭酸反応に関与している。

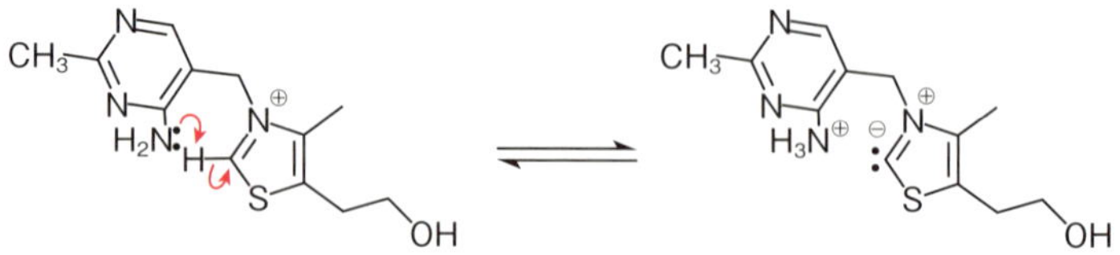

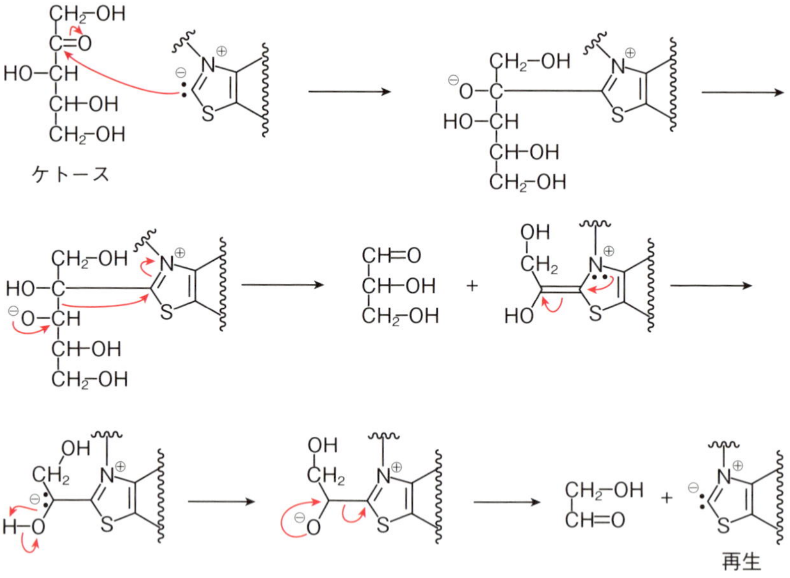

b)

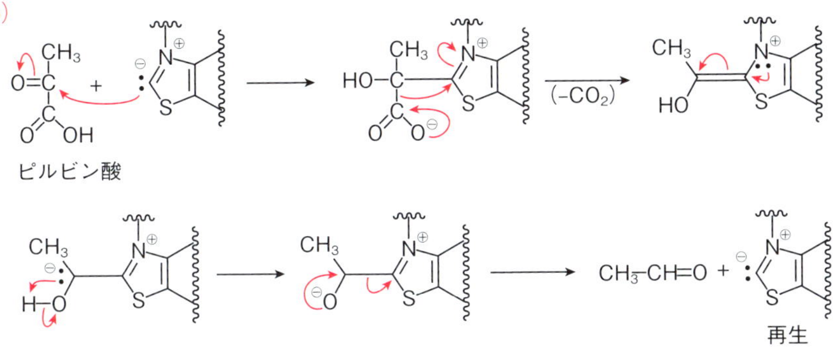

ピルビン酸

再生

問 4-26

methyl(2*E*,4*Z*)-2-methyl-2,4-dodecadienoate の合成反応で、アルキン末端のアルキル化、Lindlar 触媒による *cis*-アルケンへの還元、アルデヒドへの酸化、および Horner-Wadsworth-Emmons 反応による不飽和エステルへの変換反応である。

a) 試薬 **a**： 1）*n*-BuLi（2当量） 2）*n*-C$_7$H$_{15}$Br 3）中和

b) 化合物 **A**： 化合物 **B**： 化合物 **C**：

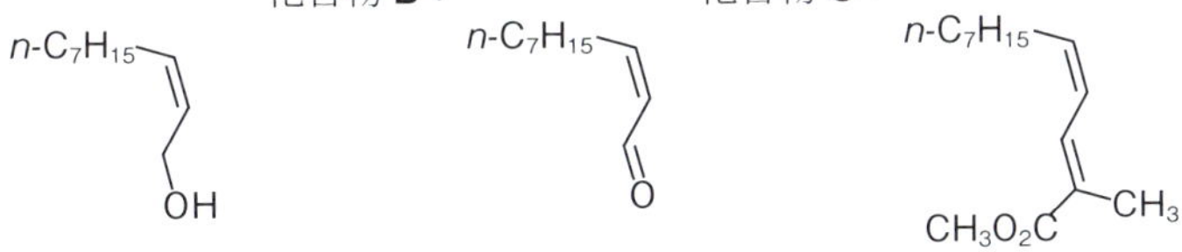

c) 化合物 **B** の生成機構：IBX によるアルコールの酸化

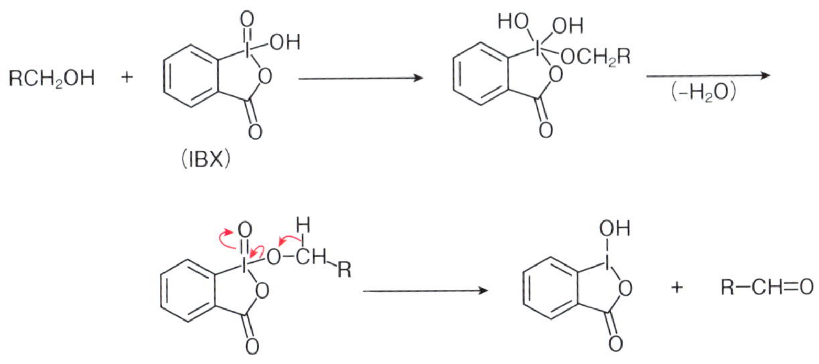

問 4-27

a) 化合物 **A** は HCl による γ-ラクトンの開環と生じた β-ケト酸の加熱脱炭酸反応であり、化合物 **B** は分子内 3-*exo-tet* 環化反応、および化合物 **C** は酸触媒による Wagner-Meerwein 転位反応で 4 員環臭化物を生じる。

A $CH_3-\overset{O}{\overset{\|}{C}}-CH_2CH_2CH_2Cl$ **B** $CH_3-\overset{O}{\overset{\|}{C}}-\triangleleft$ **C** (cyclobutane with two CH_3 and Br)

b) 反応機構：酸触媒に Wagner-Meerwein 転位反応で環の歪みが 3 員環から 4 員環となり、幾分緩和される。

(mechanism scheme showing cyclopropyl dimethyl carbinol → HBr protonation → Wagner-Meerwein rearrangement to cyclobutyl cation → Br⁻ attack → bromocyclobutane product)

問 4-28

a) 試薬 **a**：NaH, $(EtO)_2P(O)CH(CH_2CO_2Bu\text{-}t)CO_2C_2H_5$

$$NaH,\ (EtO)_2\overset{O}{\overset{\|}{P}}-\overset{CH_2CO_2Bu\text{-}t}{\underset{CO_2C_2H_5}{\overset{|}{C}H}}\quad (\text{Horner-Wadsworth-Emmons 反応})$$

試薬 **b**：CF_3CO_2H

（*t*-Bu エステルの酸によるカルボン酸への分解で、イソブチレンを生成）

b) 化合物 **A**：Fries 転位反応。

(structure: naphthalene with CH_3O groups, OH, $COCH_3$, and $CO_2C_2H_5$ substituents)

c) 化合物 **I** から **II** の反応機構：側鎖カルボン酸を混合無水カルボン酸として、分子内の Friedel-Crafts アシル化反応、最後にフェノール性水酸基の無水酢酸によるアシル化反応が生じる。

問 4-29

a) 化合物 I から II の反応機構：ヘミアセタールはアルデヒドと可逆的平衡にある。

b) 化合物IIからIIIの反応機構：Michael付加反応と環化、続いて芳香化の反応。

問 4-30
a)

解　答

[構造式: N-ブロモスクシンイミド + HBr → スクシンイミド + Br₂ (少量)]　極性反応

化合物 I から化合物 II への反応機構：ラジカル連鎖反応によるアリル位水素の臭素化反応である。Br₂ の濃度は少ないため，アルケンへの臭素付加は生じないで，ラジカル置換反応のみが進行する。

b) 中間体 A の構造式：2 分子の脱 HBr により，不安定な 2-ブロモ-2,4-シクロペンタジエン-1-オンの形成。

c) 化合物 IV から化合物 V への反応機構：光 [2π+2π] の分子内付加環化反応（スプラ型）による 4 員環形成反応。

d) 化合物 **V** から Cubane-1,4-dicarboxylic acid の反応機構：α-ブロモケトンの Favorskii 転位反応が 2 カ所で生じる。

第5章 天然物合成反応

最近報告された学術論文から

目標
第5章では、第1章から第4章までに学んだ有機化学の構造、物性、立体、有機反応に関する知識をもとに、置換反応、付加反応、酸化反応、還元反応、縮合反応、転位反応、ラジカル反応、およびペリ環状反応などの知識も総動員し、複雑な天然物化合物の有機合成に関する合成論や方法論について演習を通して学ぶ。複雑な天然物等の有機化合物も、個々の有機反応の積み重ねで合成してゆくことが分かる。

例題

次に示した反応経路は、プロリン誘導体の合成である [*Tetrahedron Lett.*, **53**, 5296 (2012)]。 B

a) 試薬 **a** および **b** を化学式で示しなさい（1段階とは限らない）。
b) 化合物 **A** を構造式で示しなさい。
c) 化合物 **I** から化合物 **II** 形成の反応機構を示しなさい。
d) 化合物 **II** から化合物 **A** 形成の反応機構を示しなさい。

解答例

a) 試薬 **a**：カルボニル基にビニル Grignard 試薬誘導体を付加させてから、中和処理する。

　　1) $CH_2=C(CH_3)MgBr$
　　2) H_3O^+

試薬 **b**：アルケンとオゾンの反応からオゾニドとして、最後に亜鉛でカルボニル基に還元する。

　　1) O_3
　　2) Zn, H_2O

b) 化合物 **A**：縮合剤である DCC (N,N'-dicyclohexyl-carbodiimide) を用いて、カルボン酸とアルコールからエステルを合成する。

c) 分子内のアルドール縮合反応で、安定な 6 員環状の共役ケトンを形成する。

d) カルボン酸が DCC に付加し、活性化したカルボニル炭素をアルコールの酸素が求核置換反応してエステルを生じ、N,N′-dicyclohexylurea を副生する。

総合問題

問 5-1 次に示した反応経路は、2-デオキシ-L-リボースの合成に用いられた手法である。 B

a) 化合物 **A**、**B** および **C** を構造式で示しなさい。
b) 化合物 **C** から 2-デオキシ-L-リボース形成の反応機構を示しなさい。

[反応スキーム: エポキシド + NaH, BnOH/THF → A → NaH, BnBr → トリベンジル体]

[続き: 1) BH₃·THF, 2) H₂O₂, aq. NaOH → B → DMSO, Et₃N, (COCl)₂/CH₂Cl₂ → C → H₂, Pd-C/H₂O → 2-デオキシ-L-リボース]

Bn = C₆H₅–CH₂–   DMSO = CH₃–S(=O)–CH₃

問 5-2 次に示した反応は、酢酸から (2E)-3,6-dimethyl-2,5-heptadien-1-ol の合成反応である。 B

[反応スキーム: CH₃CO₂H → 1) Br₂, PBr₃, 2) C₂H₅OH → A → (CH₃O)₃P / D → B → 1) LDA, 2) (CH₃)₂C=CHCH₂COCH₃ → C → a → (2E)-3,6-dimethyl-2,5-heptadien-1-ol]

LDA = Li⁺ i-Pr₂N:⁻

a) 化合物 **A**、**B** および **C** を構造式で示しなさい。
b) 試薬 a を化学式で示しなさい。

問 5-3 次に示した反応は、ethyl β-(α-furyl) propionate から二環性 γ-ラクトン誘導体の合成反応である [*Tetrahedron Lett.*, **53**, 4293 (2012)]。 B

[反応スキーム: furyl-CH₂CH₂-CO₂C₂H₅ → a → furyl-CH₂CH₂-CHO → b → furyl-CH₂CH₂-CH(OH)-C(=CH₂)CH₃ → DMAP(触媒), イミダゾール, t-BuPh₂SiCl → furyl-CH₂CH₂-CH(OSiPh₂Bu-t)-C(=CH₂)CH₃ (I) → hν, O₂, i-Pr₂NEt, ローズベンガル / CH₃OH →]

DMAP = N(pyridyl)–N(CH₃)₂
イミダゾール =

a）試薬 **a** および **b** を化学式で示しなさい（1段階とは限らない）。
b）化合物 **I** から化合物 **II** 形成の反応機構を示しなさい。
c）化合物 **III** から化合物 **IV** 形成の反応機構を示しなさい。

問 5-4 次に示した反応は、二環性化合物におけるカルボニル基の内部アルケンへの変換反応である。B

a）化合物 **A** および **B** を構造式で示しなさい。
b）化合物 **A** から化合物 **B** 形成の反応機構を示しなさい。

問 5-5 次に示した反応は、ピペリジン誘導体である Deoxoprosophylline の合成である［*Tetrahedron Lett.*, **53**, 4551 (2012)］。B

a）試薬 **a**〜**c** を化学式で示しなさい（1段階とは限らない）。
b）化合物 **I** から化合物 **II** 形成の反応機構を示しなさい。
c）化合物 **III** から Deoxoprosophylline 形成の反応機構を示しなさい。

問 5-6 次に示した反応は、Monomorine の合成である [*Tetrahedron Lett.*, **53**, 5660 (2012)]。

a) 試薬 **a** を化学式で示しなさい。
b) 化合物 **I** から Monomorine 形成の反応機構を説明しなさい。

問 5-7 次に示した反応は、Resorcinol 18 の合成である [*Eur. J. Org. Chem.*, 5195 (2012)]。

a) 試薬 **a** ～ **d** を化学式で示しなさい（1 段階とは限らない）。

問 5-8 次に示した反応は、Milnacipran の合成である〔*Chem. Commun.*, **48**, 8111 (2012)〕。

a) 化合物 **A** の構造式を示しなさい。
b) 試薬 **a** および **b** を化学式で示しなさい（1 段階とは限らない）。

c) 化合物 I から化合物 II 形成の反応機構を示しなさい。
d) 化合物 III から化合物 IV 形成の反応機構を示しなさい。

問 5-9 次に示した反応は、天然物 (+)Seimatopolide A の合成である [*Eur. J. Org. Chem.*, 4920 (2012)]。 B

a) 試薬 a〜i を化学式で示しなさい（1段階とは限らない）。
b) 化合物 A の構造式を示しなさい。

問 5-10 次に示した反応は、天然物 Anigopreissin A の合成である〔*Eur. J. Org. Chem.*, 188 (2012)〕。 B

a) 試薬 **a**〜**d** を化学式で示しなさい。
b) 化合物 I から化合物 II の反応で、環化の反応機構を示しなさい。

問 5-11 次に示した反応は、天然物 Indolizidine（＋）223A の合成である〔*Eur. J. Org. Chem.*, 463 (2012)〕。 B

a) 試薬 a ～ g を化学式で示しなさい（1 段階とは限らない）。
b) 化合物 I から化合物 II 形成の反応機構を示しなさい。

問 5-12 次に示した反応は、*p*-terphenyl 誘導体の合成である [*Org. Lett.*, **9**, 4131 (2007)]。

a) 試薬 a および b を化学式で示しなさい。
b) 化合物 I から化合物 II 形成の反応機構を示しなさい。
c) 化合物 A、B および C を構造式で示しなさい。

問 5-13 次に示した反応は、天然物 (−)-Deoxoprosopinine の合成である [*Synlett*, 2894 (2007)]。C

a) 試薬 **a** および **b** を化学式で示しなさい（1 段階とは限らない）。
b) 化合物 **A**、**B**、**C** および **D** を構造式で示しなさい。
c) 化合物 **I** は選択的に α-位の水酸基が O–Ts 化され、β-位はほとんど O–Ts 化されない。この理由を述べなさい。
d) 化合物 **I** から **C** 形成の反応機構を示しなさい。

問 5-14 次に示した反応は、(＋)-Cladospolide A の合成である [*Synthesis*, **44**, 2243 (2012)]。

a) 試薬 a〜e を化学式で示しなさい（1段階とは限らない）。
b) 化合物 I から化合物 II 形成の反応機構を示しなさい。

問 5-15 次に示した反応は、天然物 Amphidinolactone A の合成である［*Eur. J. Org. Chem.*, 4775 (2010)］。

a) 試薬 **a** 〜 **g** を化学式で示しなさい（1段階とは限らない）。
b) 化合物 **A** および **B** を構造式で示しなさい。
c) 化合物 **I** から化合物 **II** 形成の反応機構を示しなさい。

問 5-16 次に示した反応は、(−)-Aspicilin の合成である〔*Eur. J. Org. Chem.*, 1819 (2010)〕。 **C**

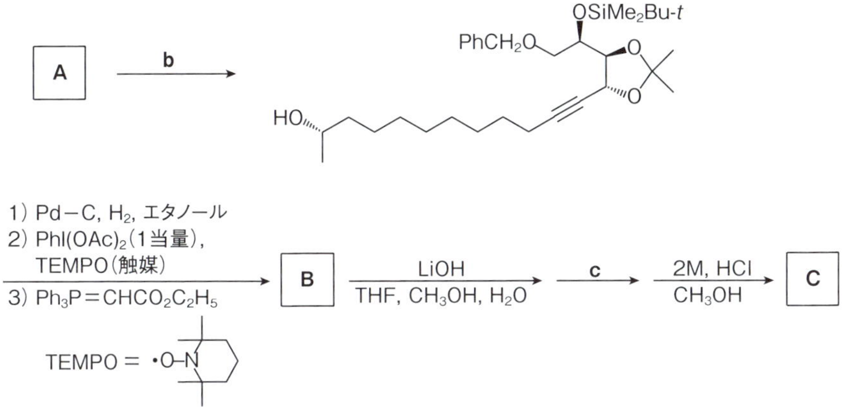

総合問題

A →(b)→ [structure: HO-CH(CH₃)-(CH₂)₇-C≡C-CH(dioxolane with OSiMe₂Bu-t, CH₂OCH₂Ph)]

1) Pd–C, H₂, エタノール
2) PhI(OAc)₂ (1当量), TEMPO (触媒)
3) Ph₃P=CHCO₂C₂H₅
→ B →(LiOH, THF, CH₃OH, H₂O)→ c →(2M HCl, CH₃OH)→ C

TEMPO = •O–N(piperidine)

a) 試薬 a〜c を化学式で示しなさい。
b) 化合物 A、B および C を構造式で示しなさい。

問 5-17
次に示した反応は、かご型 1,2-ジヨード化合物の合成である [*J. Org. Chem.*, **72**, 2996 (2007)]。

[norbornadiene] →(a, 加熱)→ [cage diester with CH₃O₂C, CO₂CH₃]
→ 1) KOH, CH₃OH, H₂O; 2) HCl; 3) hν, エーテル →
[cage diacid HO₂C, CO₂H]
→(b)→ **I** [anhydride] →(c)→ **II** [cage diiodide with I, I]

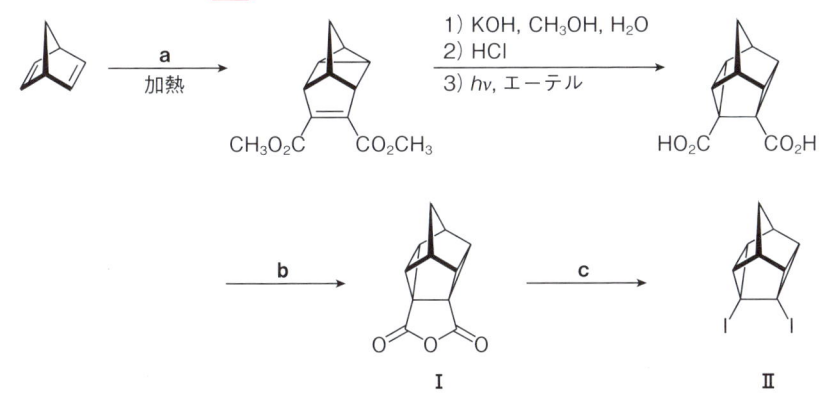

a) 試薬 a および b を化学式で示しなさい。
b) かご型 1,2-ジヨウ素化合物 II を合成するために、化合物 I から、どのような試薬 c を用いて、どのようなルートで合成するかを明示しなさい。ただし、数工程を必要とする。

問 5-18 次に示した反応は、天然物 Xialenon A 骨格構築反応の一部である［*Tetrahedron Lett.*, 48, 4071（2007）］。C

a）試薬 a および b を化学式で示しなさい。
b）化合物 I から化合物 II 形成の反応機構を示しなさい。

問 5-19 次に示した反応は、天然物 Minfiensine の合成である［*J. Am. Chem. Soc.*, 130, 5368（2008）］。C

a) 試薬 a ~ c を化学式で示しなさい。
b) 化合物 A の構造式を示しなさい。
c) 化合物 I から化合物 II 形成の反応機構を示しなさい。
d) 化合物 A から化合物 III 形成の反応機構を示しなさい。
e) 化合物 IV から化合物 V 形成の反応機構を示しなさい。
f) 化合物 V から化合物 VI 形成の反応機構を示しなさい。

問 5-20 次に示した反応は、天然物 Maoecrystal の合成である [*J. Am. Chem. Soc.*, **133**, 14964 (2011)]。

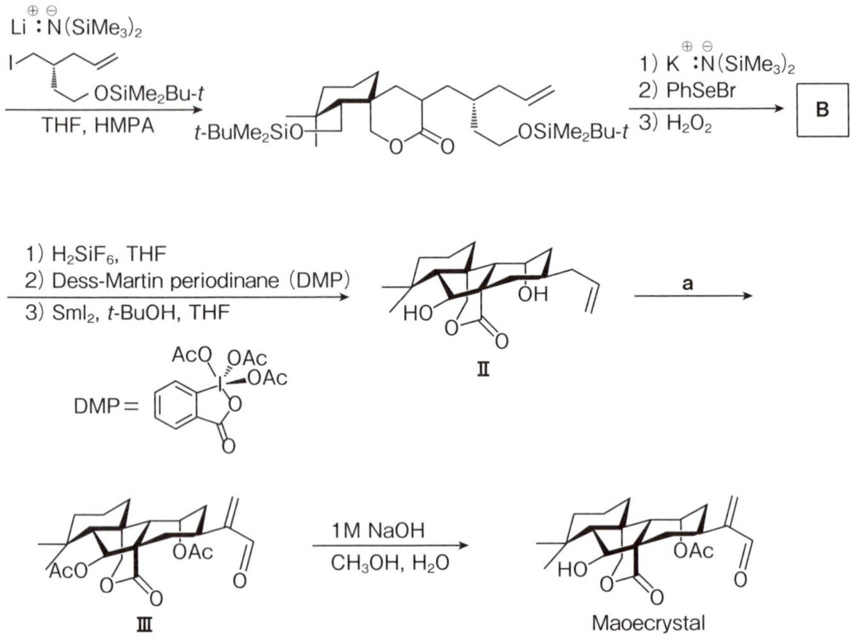

a) 化合物 **A** および **B** を構造式で示しなさい。
b) 試薬 **a** を化学式で示しなさい（1段階とは限らない）。
c) 化合物 **A** から化合物 **I** 形成の反応機構を示しなさい。
d) 化合物 **B** から化合物 **II** 形成の反応機構を示しなさい。
e) 化合物 **II** から化合物 **III** 形成の反応機構を示しなさい。

問 5-21 次に示した反応は、天然物 Hirsutellone B の合成である ［*Org. Lett.*, **13**, 6268（2011）］。C

a) 試薬 **a**～**i** を化学式で示しなさい（1段階とは限らない）。
b) 化合物 **A**～**C** の構造式を示しなさい。
c) 化合物 **I** から化合物 **II** 形成の反応機構を示しなさい。
d) 化合物 **A** から化合物 **III** 形成の反応機構を示しなさい。
e) 化合物 **IV** から化合物 **V** 形成の反応機構を示しなさい。
f) 化合物 **VI** から化合物 **VII** 形成の反応機構を示しなさい。

総合問題

Hirsutellone B

問 5-22 次に示した反応は、天然物(−)-Terpestacin の合成である [*Org. & Biomol. Chem.*, **10**, 5452 (2012)]。 C

a）試薬 **a**〜**d** を化学式で示しなさい（1段階とは限らない）。
b）化合物 **A** の構造式を示しなさい。
c）**Ia** と **Ib** は平衡にあるが、実際に反応した活性種は **Ib** である。この理由を述べなさい。
d）**II** から（−）-Terpestacin 合成における操作 1）〜 3）の反応機構を示しなさい。

問 5-23 次に示した反応は、天然物 Clavulactone の合成である［*Angew. Chem. Int. ed.*, **51**, 6484（2012）］。 C

総合問題

a) 試薬 **a**〜**g** を化学式で示しなさい（1段階とは限らない）。
b) 化合物 **A** の構造式を示しなさい。
c) 化合物 **I** から化合物 **II** 形成の反応機構を示しなさい。
d) 化合物 **A** から Clavulactone 形成の反応機構を示しなさい。

問 5-24 次に示した反応は、天然物 (−)-Vincorine の合成である ［*J. Am. Chem. Soc.*, **134**, 9126 (2012)］。 C

a) 試薬 **a**〜**d** を化学式で示しなさい（1段階とは限らない）。
b) 化合物 **A** の構造式を示しなさい。
c) 化合物 **A** から化合物 **I** 形成の反応機構を示しなさい。
d) 化合物 **I** から化合物 **II** 形成の反応機構を示しなさい。
e) 化合物 **III** から化合物 **IV** 形成の反応機構を示しなさい。
f) 化合物 **IV** から化合物 **V** 形成の反応機構を示しなさい。
g) 化合物 **VII** から (+)-Vincorine 形成の反応機構を示しなさい。

問 5-25 次に示した反応は、天然物 Marginatone の合成である［*J. Org. Chem.*, **77**, 5664 (2012)］。

228   5 天然物合成反応

[V] → [Marginatone]　f

a) 試薬 a〜f を化学式で示しなさい（1段階とは限らない）。
b) 化合物 A の構造式を示しなさい。
c) 化合物 I から化合物 II 形成の反応機構を示しなさい。
d) 化合物 III から化合物 IV 形成の反応機構を示しなさい。
e) 化合物 V から Marginatone 形成の反応機構を示しなさい。

問 5-26 次に示した反応は、ヒノキに含まれる天然物 Hinokitiol の合成である ［*Org. & Biomol. Chem.*, **10**, 8597（2012）］。

a) 試薬 a を化学式で示しなさい（1段階とは限らない）。
b) 化合物 I から化合物 II 形成の反応機構を示しなさい。
c) 化合物 III から Hinokitiol 形成の反応機構を示しなさい。

問 5-27 次に示した反応は、インフルエンザ薬である Tamiflu（タミフル）の合成である [*J. Org. Chem.*, **77**, 8792（2012）]。C

a) 試薬 **a** ～ **e** を化学式で示しなさい（1 段階とは限らない）。

第5章 ● 解 答

問 5-1

a) 化合物 **A** は S_N2 反応で生成。
化合物 **B** は末端アルケンの hydroboration-oxidation 反応。
化合物 **C** は Swern 酸化反応。

化合物 **A**：(構造式)

化合物 **B**：(構造式)

化合物 **C**：(構造式)

b) 2-デオキシ-L-リボースへの反応機構：脱保護により生じたトリヒドロキシアルデヒドの分子内ヘミアセタールへの環化である（5-*exo-trig* 環化反応）。

(反応機構図) 2-デオキシ-L-リボース

問 5-2

a) 化合物 **A** は Hell-Volhard-Zelinskii 反応と、続く HBr 酸性条件下の Fischer エステル化反応。
化合物 **B** は Arbuzov 反応。
化合物 **C** は Horner-Wadsworth-Emmons 反応で安定なトランス体を生成。

化合物 **A**：$Br\text{-}CO_2C_2H_5$

化合物 **B**：$(CH_3O)_2P(=O)\text{-}CO_2C_2H_5$

化合物 **C**：(構造式) $CO_2C_2H_5$

b) 試薬 a：$i\text{-}Bu_2AlH$（2当量）エステルを第一級アルコールに還元する。なお、

LiAlH$_4$ を用いると、1,4-付加を経て、α,β-不飽和エステルの炭素・炭素二重結合もかなり還元されてしまう。

問 5-3

a) 試薬 **a** : 1) i-Bu$_2$AlH（1 当量），$-78\,°\mathrm{C}$，THF
  2) H$_3$O$^+$
  試薬 **b** : 1) CH$_2$=C(Li)CH$_3$ あるいは CH$_2$=C(MgBr)CH$_3$
  2) H$_3$O$^+$

b) 化合物 **I** から化合物 **II** の反応機構：ローズベンガルは赤色色素の色素増感剤で、光照射により ^{3}O$_2$ から ^{1}O$_2$ を生成し、フラン環と [$4\pi + 2\pi$] 付加環化反応が生じる（Diels–Alder 反応）。

c) 化合物 **III** から化合物 **IV** の反応機構：ケイ素保護基を脱保護し、生じたアルコキシドアニオンの分子内 Michael 型付加反応でビシクロ体を生じる。

問 5-4

a) **A** は *N*-トシルヒドラゾンの形成。**B** は Bamford–Stevens–Shapiro 反応でカルボニル基をオレフィン化する。

b) 化合物 **A** から **B** 形成の反応機構：窒素分子の放出と、生じたビニルアニオンの D_2O による重水素化反応。

問 5-5

a) 試薬 **a**：$CH_3CH_2(CH_2)_{10}COCH=PPh_3$ を用いて Wittig 反応。

　　試薬 **b**：1) CH_3SO_2Cl, Et_3N
　　　　　　 2) NaN_3 により S_N2 でアジド基導入。

　　試薬 **c**：H_2, $Pd(OH)_2$-C で *O*-ベンジル基を除去し、アジド基をアミンに還元する。さらに、環化で生じたイミノ基も還元されてピペリジン構造となる。

b) 化合物 **I** から化合物 **II** の反応機構。

c) 化合物IIIから Deoxoprosophylline の反応機構。

問 5-6
a) **a**：aq. NaOH を用いて Claisen–Schmidt 縮合反応。
b) 化合物 I から Monomorine の反応機構：Rh–C にピリジン環面が吸着され、その面で接触水素化還元を受ける。そのため、2,6-位の置換基はシス体となる。生じたイミニウム塩は、立体障害の少ない側が Rh–C に吸着され、還元される。

問 5-7

a) 試薬 **a**：1）3,5-dimethoxy-1-bromobenzene と *t*-BuLi で芳香族 Li 塩を調製して、アルデヒドに加える。
　　　　　2）H$_3$O$^+$
　試薬 **b**：1）NaH
　　　　　2）CS$_2$
　　　　　3）CH$_3$I
　　　　　4）Bu$_3$SnH，AIBN，Toluene 還流（Barton-McCombie 反応によるアルコールの脱酸素化反応）
　試薬 **c**：SnCl$_4$（Friedel-Crafts 分子内アルキル化反応）
　試薬 **d**：BBr$_3$ で芳香族メチルエーテルの脱メチル化によるフェノール化反応。

問 5-8

a) 化合物 **A** の構造式：5 員環状のヨードラクトン化反応。
b) 試薬 **a**：1）Et$_2$NH，AlCl$_3$
　　　　　2）SOCl$_2$

　試薬 **b**：1）potassium phthalimide
　　　　　2）HOCH$_2$CH$_2$NH$_2$ あるいは NH$_2$NH$_2$（Gabrial 第一級アミン合成反応）
c) 化合物 **I** から化合物 **II** の反応機構：5 員環状のヨードラクトン化反応。

d) 化合物Ⅲから化合物Ⅳの反応機構：エポキシドの開環をともなった分子内 S_N2 型 3 員環への環化反応とラクトン化反応。

問 5-9

a) 試薬 **a**：1）BuLi，THF

    2）（エポキシド）-OCH$_2$-C$_6$H$_4$-OCH$_3$ （アセチリドのアルキル化）

試薬 **b**：H$_2$，Pd-C，エタノール（三重結合の還元）

試薬 **c**：1）TEMPO，PhI(OAc)$_2$，CH$_2$Cl$_2$ あるいは Swern 酸化か Dess-Martin 酸化

    2）Ph$_3$P=CHCO$_2$C$_2$H$_5$（アルデヒドへの酸化と Wittig 反応）

試薬 **d**：CH$_3$C(OCH$_3$)$_2$CH$_3$，p-TsOH（1,2-ジオールのイソプロピリデン保護化）

試薬 **e**：1）i-Bu$_2$AlH（1.0 当量）−78 ℃

    2）Ph$_3$P$^+$CH$_3$ Br$^-$，n-BuLi（エステルのアルデヒドへの還元と Wittig 反応）

試薬 **f**：Bu$_4$NF，THF（ケイ素の脱保護）

試薬 **g**：HO$_2$C-CH(OSiMe$_2$Bu-t)-CH=CH$_2$ 2,4,6-Cl$_3$C$_6$H$_2$COCl，Et$_3$N，DMAP

（山口ラクトン化でエステル化）

試薬 **h**：Grubbs 触媒第二世代を用いて環状アルケンの合成。

試薬 **i**：1 M aq. HCl，CH$_3$OH（ケイ素とイソプロピリデンの脱保護）

b)

A: (構造式: HO, OH, CO₂C₂H₅, OSiMe₂Bu-t, C₈H₁₇ を含む化合物)

問 5-10

a) 試薬 **a**：CH₃I, K₂CO₃, アセトン（Williamson エーテル合成反応）

試薬 **b**：PdCl₂(Ph₃P)₂, NaHCO₃, 3,5-(CH₃O)₂C₆H₃B(OH)₂（Suzuki–Miyaura カップリング反応）。

試薬 **c**：i-Bu₂AlH（1 当量）−78 ℃（エステルのアルデヒドへの還元）

試薬 **d**：Ph₃P⁺CH₂C₆H₄OCH₃-p Br⁻, BuLi あるいは NaNH₂（Wittig 反応）

b) 薗頭カップリング反応後に, o-位の水酸基が三重結合に 5-$endo$-dig（Baldwin 則で, 三重結合の外側から 5 員環へ環化をする）環化する。

問 5-11

a) 試薬 **a**：*i*-Pr$_2$NLi（LDA），C$_2$H$_5$I

試薬 **b**：LiAlH$_4$，THF

試薬 **c**：H$_2$，Pd-C

試薬 **d**：(COCl)$_2$，DMSO，Et$_3$N（Swern 酸化反応）あるいは Dess-Martin I(V) 酸化剤

試薬 **e**：1) *i*-Pr$_2$NLi（LDA）と CH$_3$CH$_2$CH$_2$COCH$_2$CH$_2$CH$_3$ からエノレートアニオンを調製して、アルデヒドに付加

2) H$_3$O$^+$

試薬 **f**：NaBH$_4$，CH$_3$OH

試薬 **g**：1) NaOH

2) CS$_2$

3) CH$_3$I

4) Bu$_3$SnH，AIBN，トルエン還流（Barton-McCombie 反応によるアルコールの脱酸素化反応）

b) **I** から **II** の反応機構：*t*-BuO$_2$C 基（Boc）の脱反応後に、第二級アミンの5員環窒素原子がカルボニル基に 6-*exo-trig*（Baldwin 則で、二重結合の内側から6員環へ環化をする）環化して、脱水反応して共役ケトンとなる。

問 5-12

a) 試薬 **a**：NaH，CH$_3$OCH$_2$Br（Williamson エーテル合成反応）

試薬 **b**：Pd(Ph$_3$P)$_4$，K$_3$PO$_4$，*p*-(HO)$_2$B-C$_6$H$_4$-OR（Suzuki-Miyaura カップリング反応）

b) 化合物 I から II の生成機構：アルコキシベンゼンの o-位は、n-BuLi との反応により生じたリチウム塩が酸素により配位して安定化される（キレーションコントロール）。リチウム塩は $(i\text{-PrO})_3\text{B}$ のホウ素原子上で求核置換反応し、続いてホウ素原子は過酸化水素水の求核付加体を形成して、1,2-アリール転位反応を伴い、フェノール誘導体となる（hydroboration-oxidation 反応）。

c) 化合物 A：DDQ はジアルコキシベンゼンのキノンへの酸化剤。
　化合物 B：$Na_2S_2O_4$ はキノンのヒドロキノンへの還元剤。
　化合物 C：$Pb(OAc)_4$ はジアルコキシメチレン部位のヒドリド受容体（酸化剤）。

問 5-13

a) 試薬 a はアルケンの hydroboration-oxidation で
　1) $BH_3 \cdot THF$ あるいは $BH_3 \cdot SMe_2$
　2) H_2O_2, aq. NaOH
　試薬 b は Swern 酸化反応 [$(COCl)_2$, DMSO, Et_3N] あるいは超原子価ヨウ素(V) を用いた Dess-Martin 酸化反応 (DMP)。

b) 化合物 A：エポキシドの S_N2 による開環反応。
　化合物 B：水酸基を O-Ms 化してから S_N2 反応。
　化合物 C：アミノ基を脱保護してから分子内の S_N2 反応（6-*exo-tet*）。
　化合物 D：エステルの第一級アルコールへの還元。

c) β-位の水酸基はエステルのカルボニル酸素と 6 員環状の水素結合を形成しているが、α-位の水酸基はほとんど水素結合を形成していないため、TsCl と反応しやすく、O-Ts 化されやすい。

d) 化合物 I から化合物 C の生成機構：求核置換反応で 6-*exo-tet* 環化反応。

問 5-14

a) 試薬 **a**：1）Ribose のアノマー位をメチルアセタール化するため *p*-TsOH（触媒），CH$_3$OH

2）1,2-ジオールをイソプロピリデン保護するため *p*-TsOH，CH$_3$C(OCH$_3$)$_2$CH$_3$

3）Ribose 5 位の水酸基をヨウ素化するため Ph$_3$P，I$_2$，イミダゾール

試薬 **b**：Grubbs 触媒で分子間反応のため(*S*)-6-hepten-2-yl acetate と Grubbs 触媒第二世代

試薬 **c**：1）DMP あるいは TEMPO（触媒）と PhI(OAc)$_2$（第一級アルコールをアルデヒドに酸化。ただし，Swern 酸化ではイソプロピリデンが外れてしまう）

2）(EtO)$_2$P(O)CH$_2$CO$_2$Et，NaH（Horner-Wadsworth-Emmons 反応）

試薬 **d**：LiOH，THF-CH$_3$OH（エステルを加水分解）

試薬 **e**：2,4,6-Cl$_3$C$_6$H$_2$COCl，Et$_3$N，DMAP（山口マクロラクトン化反応）

b) 化合物 **I** から **II** の生成機構：Zn により RZnI を形成し，その分子内 β-開裂反応により，アルケン鎖をもつアルデヒドとなり，NaBH$_4$ で第一級アルコールに還元する。

問 5-15

a) 試薬 **a**：1）BuLi，THF

2）(*R*)-1-(4′-methoxybenzyloxy-2,3-propylene oxide（アセチリドをエポキシドに S$_N$2s 反応させる）

試薬 **b**： ClSiPh$_2$Bu-t，イミダゾール（水酸基の保護）
試薬 **c**： H$_2$/Lindlar 触媒（Pd-CaCO$_3$-PbO）あるいは H$_2$/Pd-BaSO$_4$（アルキンの cis-アルケンへの還元）
試薬 **d**： 1） 2,3-dichloro-5,6-dicyano-1,4-benzoquinone(DDQ)，CH$_2$Cl$_2$，H$_2$O（p-CH$_3$OC$_6$H$_4$CH$_2$ 基の酸化的脱保護）
2） Dess-Martin periodinane(DMP)あるいはSwern酸化反応［(COCl)$_2$，DMSO，Et$_3$N］（アルコールのアルデヒドへの酸化）

試薬 **e**： N,N'-dicyclohexylcarbodiimide (DCC)，DMAP（触媒）あるいは山口マクロラクトン化反応［2,4,6-Cl$_3$C$_6$H$_2$COCl，DMAP（触媒）］（中大環状のラクトン化）
試薬 **f**： 1） 2,3-dichloro-5,6-dicyano-1,4-benzoquinone(DDQ)，CH$_2$Cl$_2$，H$_2$O（p-CH$_3$OC$_6$H$_4$CH$_2$ 基の酸化的脱保護）
2） Dess-Martin periodinane(DMP)あるいはSwern酸化反応［(COCl)$_2$，DMSO，Et$_3$N］（アルコールのアルデヒドへの酸化）
試薬 **g**： Bu$_4$NF，THF（ケイ素基の脱保護）

b） 化合物 **A**：　　　　　　　　　　　化合物 **B**：

c） 化合物 **I** から化合物 **II** の反応機構：非水系でアルコールは PhI(OAc)$_2$/TEMPO（触媒）によりアルデヒドに酸化される。アルデヒドは水系 NaClO$_2$ により、ヘミアセタールを経て、カルボン酸に酸化される。カルボン酸はジアゾメタンをプロトン化して S$_N$2 反応でメチルエステルとなる。2-methyl-2-butene は副生する塩素（Cl$_2$）を付加反応で捕捉する。

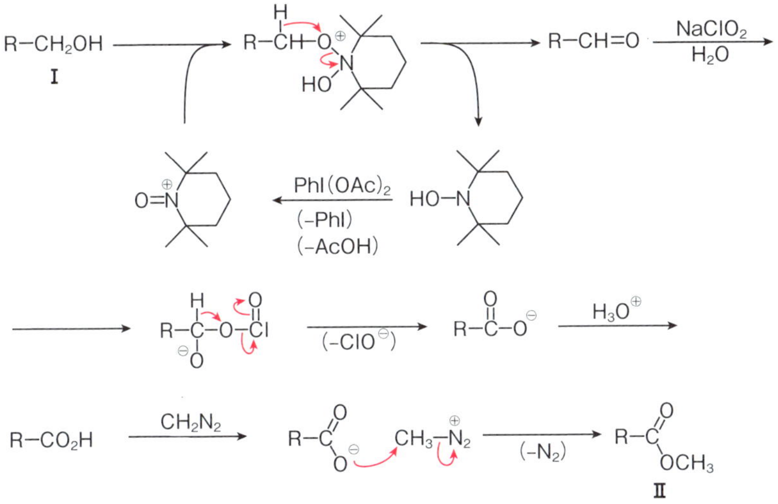

解　答　243

問 5-16

a) 試薬 **a**：PdCl$_2$(Ph$_3$P)$_2$，CuI，Et$_3$N（薗頭カップリング反応）

試薬 **b**：2,2-dimethoxypropane，*p*-TsOH，CH$_2$Cl$_2$（1,2-ジオールのイソプロピリデン保護）

試薬 **c**：2,4,6-C$_6$H$_2$COCl，DMAP（触媒），Et$_3$N（山口マクロラクトン化反応）

b) 化合物 **A**：

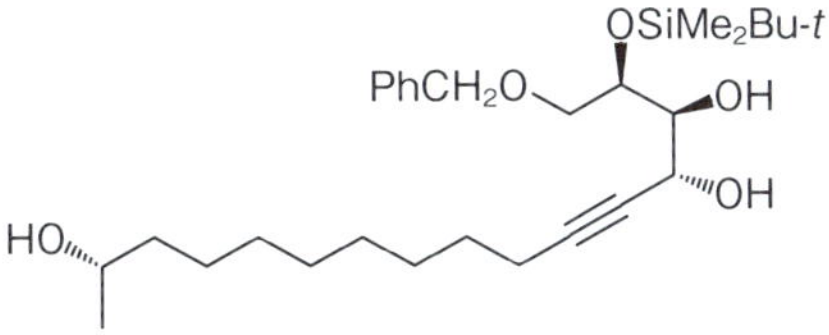

化合物 **B**：

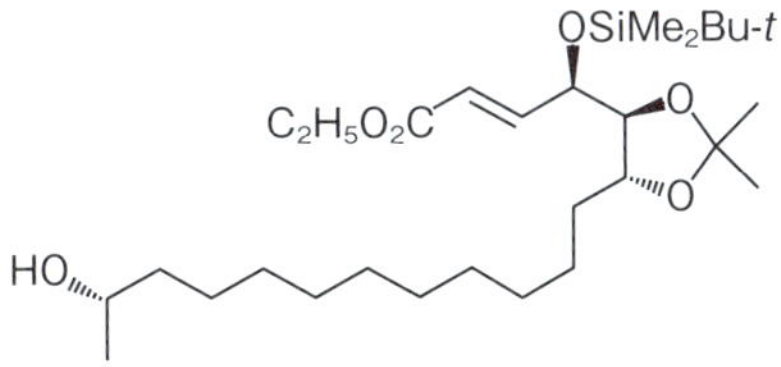

化合物 **C**：

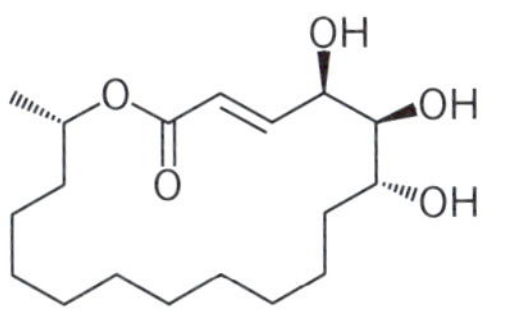

(−)-Aspicilin

問 5-17

a) 試薬 **a**： $CH_3O_2C-C\equiv C-CO_2CH_3$（アセチレンジカルボン酸ジメチル）を用いて Diels–Alder 反応

試薬 **b**：1,2-ジカルボン酸を DCC（N,N'-dicyclohexylcarbodiimide）あるいは P_2O_5（五酸化リン）で脱水

b) カルボン酸無水物に CH_3ONa、続いて HCl 処理により、カルボン酸としてから塩化オキザリルでカルボン酸塩化物として、Barton 脱炭酸反応によるヨウ素化を行う。再び、エステルを加水分解し、続いて HCl 処理によりカルボン酸としてから、カルボン酸塩化物とし、2 回目の Barton 脱炭酸反応によるヨウ素化を行う。

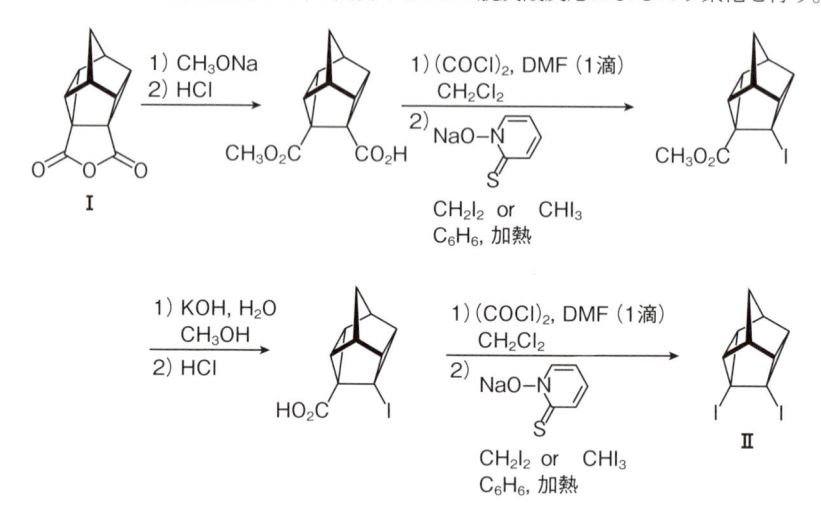

問 5-18

a) 試薬 **a**：Zn–Cu, CH_2I_2（Simmons–Smith 反応、アリル位が優先してシクロプロパン化）

試薬 **b**：$CH_2=CHCO_2Bu$-t（Diels–Alder 反応）

b) 化合物 I から化合物 II の反応機構：メシル基の脱離によるシクロプロパン環の開環、アルキル鎖の 1,2-転位、最後にエステル基の関与によるラクトン化反応。

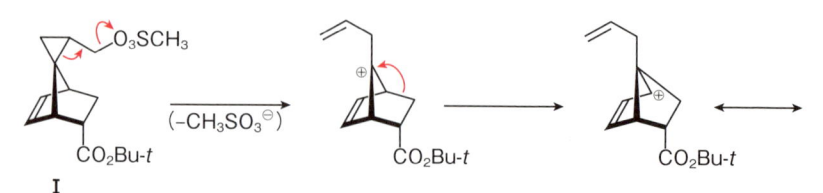

問 5-19

a) 試薬 **a**：$ClCO_2CH_3$，NaH，THF
   試薬 **b**：$NaBH_4$，(Z)-3-iodo-4-amino-2-butene（還元的アミノ化反応）
   試薬 **c**：$PdCl_2$，Ph_3P，K_2CO_3，CH_3OH（パラジウムを用いた分子内カップリング反応）

b) 化合物 **A** の構造式：

c) 化合物 **I** から化合物 **II** の反応機構：Fischer インドール合成反応

d) 化合物 **A** から化合物 **III** の反応機構：Borch 反応（還元的アミノ化反応）

e) 化合物 **IV** から化合物 **V** の反応機構：Corey-Chaykovsky エポキシ化反応

f) 化合物 **V** から化合物 **VI** の反応機構：エポキシドの TMS 化、および DBU による E2 脱離反応でエポキシドの開環反応

問 5-20

a) 化合物 **A**：

化合物 **B**：

b) 試薬 **a**：1) Ac_2O，Et_3N
2) O_3，CH_2Cl_2
3) Zn，H_2O
4) $CH_2=N(CH_3)_2^+ \ I^-$，Et_3N（Eschenmoser 試薬を用いて、カルボニル基の α-位をメチレン化）

c) 化合物 **A** から化合物 **I** の反応機構：酸素親和力の高い Cp_2TiCl_2 はエポキシドと反応し、開環して炭素ラジカルを生じ、次にアクリル酸エステルにラジカルで求核的に Michael 付加反応し、最後にラクトンへ環化する。

d) 化合物 **B** から化合物 **II** の反応機構：SmI_2 は 1 電子還元剤であり、アルデヒドから求核的な炭素ラジカル（ケチルラジカル）を生じ、6-*endo-trig* 環化し、最後に分子内アルドール環化する。

e) 化合物IIから化合物IIIの反応機構：アルデヒドから生じた炭素アニオンが$CH_2=N(CH_3)_2{}^+$に求核付加し、最後にジメチルアミノ基がβ-脱離する。

問 5-21

a) 試薬 **a**：1) O_3
   2) $NaBH_4$（オゾニドのアルコールへの還元）
   3) $t\text{-}BuMe_2SiCl$，イミダゾール（OH 保護）

   試薬 **b**：1) O_3
   2) Ph_3P（オゾニドの還元）
   3) $Ph_3P=CHCO_2C_2H_5$（Wittig 反応）

   試薬 **c**：1) $i\text{-}Bu_2AlH$（2 当量、エステルのアルコールへの還元）
   2) $t\text{-}BuOOH$，L-(+)-ジエチル酒石酸，$Ti(OPr\text{-}i)_4$（Sharpless 不斉エポキシ化反応）

   試薬 **d**：1) $trans\text{-}Bu_3Sn\text{-}CH=CH\text{-}CH=CH_2$，$Pd(Ph_3P)_4$，$LiCl$，$CuCl$（Stille カップリング反応による C-C 結合形成）
   2) $(CH_3)_3SiCl$，イミダゾール（OH 保護）

   試薬 **e**：1) CH_3OCH_2Cl，$i\text{-}Pr_2NEt$（OH 保護）
   2) Bu_4NF（ケイ素保護基除去）
   3) $NaOH$，CS_2，CH_3I
   4) Bu_3SnH，AIBN トルエン加熱（Barton-McCombie 反応によるアルコールの脱酸素化反応）

   試薬 **f**：1) $p\text{-}TsOH$，CH_3OH（O-メトキシメチル基の除去）
   2) $LiAlH_4$（エステルのアルコールへの還元）
   3) $PhI(OAc)_2$，TEMPO、室温（アルコールのアルデヒドへの酸化）
   4) $(CH_3)_3SiCl$，イミダゾール（OH 保護）

   試薬 **g**：1) BuLi，CuI，LiI（Ar_2CuI の合成）
   2) 1-(chloromethyl) ethyleneoxide への S_N2 反応（Corey-House 反応）

   試薬 **h**：1) aq. NH_3，CH_3OH（ラクトンのアミドへの開環）
   2) $t\text{-}BuMe_2SiCl$，イミダゾール（OH 保護）

   試薬 **i**：CuI，Cs_2CO_3（分子内 Ullmann エーテル合成反応）

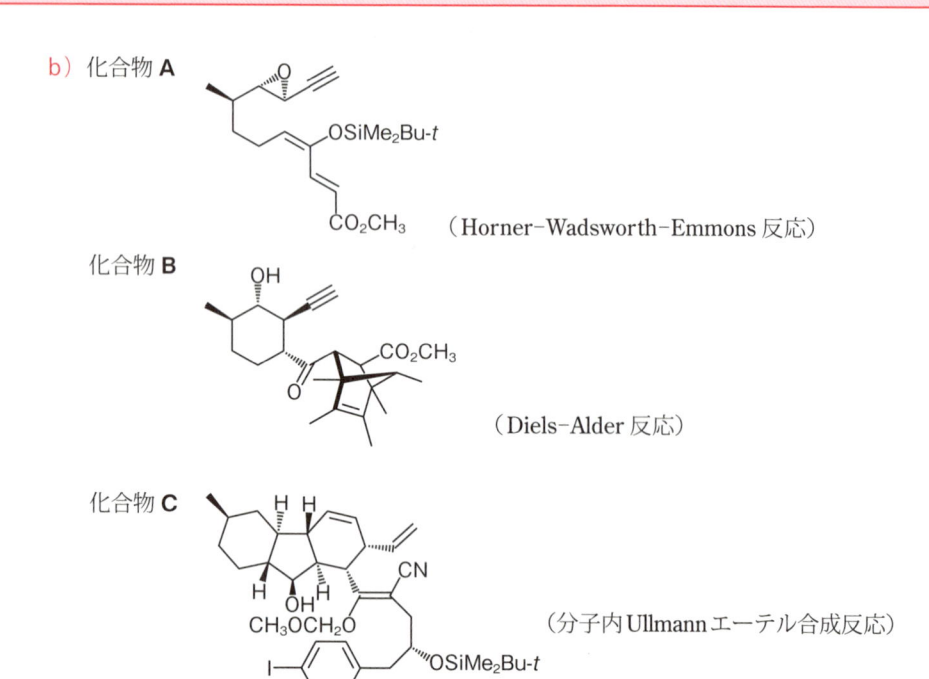

b) 化合物 **A** （Horner–Wadsworth–Emmons 反応）

化合物 **B** （Diels–Alder 反応）

化合物 **C** （分子内 Ullmann エーテル合成反応）

c) 化合物 **I** から **II** の反応機構：Swern 酸化反応とアルデヒドのアセチレンへの変換反応。

d) 化合物 **A** から **III** の反応機構：エポキシドの開環とシリルエノレートによる環化反応。

e) 化合物 **IV** から **V** の反応機構：逆 Diels-Alder 反応と続く分子内 Diels-Alder 反応。

f) 化合物 **VI** から **VII** の反応機構：アミドの脱水反応。

問 5-22

a) 試薬 **a**： 1) LiAlH₄, THF
   2) PhCOCl, Et₃N（エステルのアルコールへの還元とベンゾイル保護基化）

試薬 **b**： 1) BH₃·THF あるいは BH₃·CH₃SCH₃
   2) H₂O₂, aq. NaOH あるいは aq. Na₂BO₃（アルケンの hydroboration-oxidation）

試薬 **c**： 1) BH₃·THF
   2) H₂O₂, aq. NaOH（アルケンの hydroboration-oxidation）
   3) ClSiMe₂Bu-t, Et₃N（水酸基をケイ素保護基化）
   4) MgBr₂, エーテル（THP 保護基の除去）
   5) PhI(OAc)₂, TEMPO あるいは Dess-Martin 酸化（第二級アルコールの酸化）

試薬 **d**： 1) t-Bu₄NF, THF（2 つのケイ素保護基の除去）
   2) IBX あるいは Dess-Martin Periodinane（DMP）酸化（第一級アルコールと第二級アルコールの酸化）

IBX = [構造式]   DMP = [構造式]

   3) i-Pr₂NEt, LiCl, CH₃CN（分子内 Horner-Wadsworth-Emmons 反応）

b) 化合物 **A**：

[化合物Aの構造式]

c) アニオン **Ia** と **Ib** は互変異性体の関係にあるが、Zaitsev 則に従い、多置換アルケン **Ib** の方が安定である。しかも β-位炭素の電子密度はメチル基の誘起効果で高く、求核性が高い。

d) 化合物 **II** から Terpestacin の反応機構：N-sulfonyloxazilidine はケトンから生じたケトンエノレートの炭素アニオンをヒドロキシ化する。Cu(OAc)₂ で α-ヒドロキシケトンを 1,2-ジケトンに酸化する。

問 5-23

a) 試薬 **a**：1) CH_3SO_2Cl, Et_3N
   2) NaCN
      （OH を OMs して CN^- による S_N2 反応）

   試薬 **b**：1) i-Bu_2AlH（1 当量）
   2) H_3O^+
   3) $(PhO)_2P(O)$-$CH(CH_3)CO_2C_2H_5$, NaH
      （ニトリルをイミンに還元し、アルデヒドに加水分解してから Horner-Wadsworth-Emmons 反応）

   試薬 **c**：1) i-Bu_2AlH（2 当量）
   2) H_3O^+
   3) CH_3OCH_2Cl, i-Pr_2NEt
   4) p-TsO^- PyH^+（PPTS），アセトン-水
      （エステルをアルコールに還元して O-MEM 保護し、アセタールをケトンに脱保護する）

   試薬 **d**：1) $Ph_3P^+CH_2OCH_3 Cl^-$, t-BuOK, THF（Wittig 反応）

   試薬 **e**：1) i-Bu_2AlH（1 当量）
   2) H_3O^+
   3) $Ph_3P^+CH_2OCH_3 Cl^-$, $NaN(SiMe_3)_2$
   4) p-TsOH，アセトン-水

5）$(C_2H_5O)_2P(O)CH_2CO_2C_2H_5$, $NaN(SiMe_3)_2$
（エステルをアルデヒドに還元し、Wittig 反応でメチルビニルエーテルル。これを酸加水分解して再びアルデヒドとし、Horner-Wadsworth-Emmons 反応で $α,β$-不飽和エステルにする）

試薬 **f**： 1） CH_3SO_2Cl, Et_3N, $LiCl$
2） $t\text{-}Bu_2AlH$（2 当量）
3） H_3O^+
（水酸基を O-Ms 化し、Cl^- による S_N2 反応で塩化物にする。さらに、エステルはアルコールに還元）

試薬 **g**： 1） Dess-Martin Periodinane（DMP）酸化
2） HCN
3） p-TsOH, $CH_2=CHOCH_3$
（アルコールをアルデヒドに酸化し、次にシアンヒドリンへ、さらにシアンヒドリンの水酸基をビニルエーテルでアセタール保護する）

b）化合物 **A** の構造式：Michael 付加反応

c）化合物 **I** から **II** の反応機構：アセタールに Lewis 酸を加えて炭素カチオンとし、Et_3SiH でヒドリド還元する。

d）化合物 **A** から Clavulactone の反応機構：ビニル基と酸素にはさまれたメチレン水素はヒドリドとして引抜かれ、安定な炭素カチオンになりやすい。

問 5-24

a) 試薬 **a** : 1) H_2, Pd-C
　　　　　 2) $i\text{-}Bu_2AlH$（2 当量）
　　　　　 3) H_3O^+
　　　　　（炭素・炭素二重結合を還元し、エステルをアルコールに還元する）

　 試薬 **b** : 1) $NaBH_4$
　　　　　 2) $t\text{-}BuMe_2SiCl$, イミダゾール
　　　　　 3) シリカゲル
　　　　　（アルデヒドを還元し、水酸基をケイ素保護し、インドール窒素保護基を脱保護）

　 試薬 **c** : 1) Bu_4NF
　　　　　 2) Ph_3PCl_2
　　　　　（水酸基のケイ素を脱保護し、Appel 反応で塩素化）

　 試薬 **d** : $CH_2=O$, $NaBH_3CN$, CH_3CN, AcOH
　　　　　（Borch 反応で、$CH_2=O$ と $NaBH_3CN$ で第二級アミンの還元的メチル化）

b) 化合物 **A** の構造式：Knoevenagel 縮合反応

c) 化合物 **A** から化合物 **I** の反応機構：アルデヒドとプロリンからエナミンを形成し、続いて活性アルケンへ Michael 付加反応、最後にアルデヒドへ加水分解。

d) 化合物Ⅰから化合物Ⅱの反応機構：酸化で生じたセレノキシドの Ei 脱離（*syn* 脱離）反応と、光照射による二重結合に共役安定化。

e) 化合物Ⅲから化合物Ⅳの反応機構：ヨード環化反応による分子内 C–N 結合形成、続くエノレートによるインドール 3 位への求核反応による C–C 結合形成反応。

f) 化合物Ⅳから化合物Ⅴの反応機構：CN⁻による活性エステルメチル基へのS_N2反応と脱炭酸反応。

g) 化合物Ⅶから(+)-Vincorineの反応機構：Borch反応で、第二級アミンと$CH_2=O$からイミニウム塩を形成し、$NaBH_3CN$で還元的メチル化。

問 5-25

a) 試薬 **a**： 1) LDA，CH$_3$I
   2) LDA，ICH$_2$CH$_2$CH(OC$_2$H$_5$)$_2$（ケトン α-位のジアルキル化）

試薬 **b**： H$_2$O$_2$，aq. NaOH（活性アルケンの求核的エポキシド化）

試薬 **c**： 1) PyH$^+$ p-TsO$^-$，H$_2$O
   2) (EtO)$_2$P(O)CH(CH$_3$)COCH$_3$，NaH（アセタールのアルデヒドへの脱保護と、Horner-Wadsworth-Emmons 反応）

試薬 **d**： t-BuMe$_2$SiCl，Et$_3$N（メチルケトンのビニルシリルエーテル化）

試薬 **e**： MnO$_2$（共役ケトンへの酸化）

試薬 **f**： 1) ClC(S)OPh，Et$_3$N，DMAP
   2) AIBN(cat.)，Bu$_3$SnH（Barton-McCombie 反応でアルコールの脱酸素化）

b) 化合物 **A** の構造式：分子内 Diels-Alder 反応

c) 化合物 **I** から化合物 **II** の反応機構：電子密度が高いアリル位の水素がヒドリド種として、DDQ に引抜かれる。

d) 化合物 **III** から化合物 **IV** の反応機構：歪みのあるシルロプロパノキシドは β-開裂によりケトンとなる。

e) 化合物 V から Marginatone の反応機構：Barton-McCombie 反応によるアルコールの脱酸素化反応。

問 5-26

a) 試薬 **a**：C_4H_4O（フラン）（Diels-Alder 反応）
b) 化合物 I から化合物 II 形成の反応機構：

c) 化合物Ⅲから Hinokitiol 形成の反応機構：

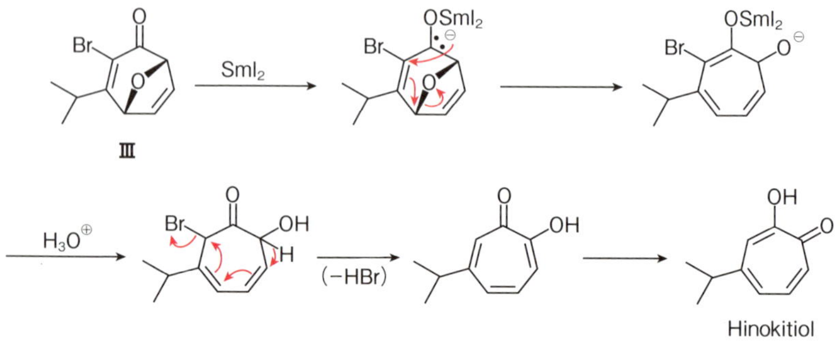

問 5-27

a) 試薬 **a**：1) K_2CO_3，CH_3OH
　　　　　 2) Dess–Martin 酸化あるいは Swern 酸化

　 試薬 **b**：Zn，$CH_2=C(CH_2Br)CO_2C_2H_5$（アリル亜鉛化合物を用いてカルボニル基へアリルアニオン種を付加）

　 試薬 **c**：1) Bu_4NF，THF
　　　　　 2) Dess–Martin 酸化あるいは Swern 酸化
　　　　　 3) $Ph_3PCH_3^+ Br^-$，n-BuLi
　　　　　 4) Grubbs 触媒第二世代
　　　　　 （ケイ素保護基を除去してから水酸基をアルデヒドに酸化し、Wittig 反応、最後に分子内オレフィンメタセシスでシクロヘキセン環形成）

　 試薬 **d**：1) $BF_3\cdot Et_2O$，$CH_3CH_2CH(OH)CH_2CH_3$（3-ペンタノール）
　　　　　 2) CF_3CO_2H
　　　　　 3) Ac_2O，Et_3N
　　　　　 （アジリジン環を S_N2 反応で開環させ、N–CO_2Bu-t 保護基を酸で除去してから、アミノ基をアセチル化）

　 試薬 **e**：1) NaN_3
　　　　　 2) H_2，Lindlar 触媒
　　　　　 3) H_3PO_4
　　　　　 （S_N2 反応でアジド基を導入し、アジド基のみをアミノ基に還元し、最後にリン酸塩

索 引

数字

1,3-ジアキシアル相互作用	13
2,3-dichloro-5,6-dicyano-1,4-benzoquinone	242
[2π+2π]光付加環化反応	142
3-*exo-tet* 環化反応	198
[4π+2π]付加環化反応	232
5-*endo-dig*	237
5-*exo-trig*	231
5員環状遷移状態	67
6-*endo-trig*	191, 247
6-*exo-tet*	240
6-*exo-trig*	238
6員環状遷移状態	67

A

anti-Markovnikov	73, 105, 170, 174
——型	61, 62
anti-periplanar	57, 58, 59, 60, 73, 112
——脱離反応	71, 74
anti 転位反応	72, 73
Appel ハロゲン化反応	100, 255
Arbuzov 反応	99, 231
Arndt-Eistert 反応	72, 120

B

Baeyer-Villiger 酸化反応	71, 72, 74, 125, 177, 187
Baldwin 則	237, 238
Bamford-Stevens-Shapiro 反応	112, 233
Bartoli インドール合成反応	134
Barton-McCombie 反応	140, 235, 238, 249, 258, 259
Barton 脱炭酸反応	244
Barton 反応	139, 193
Barton ラジカル脱炭酸反応	138
Baylis-Hillman 反応	116
Beckmann 転位反応	72, 73, 123
Bergman 反応	142
Birch 還元反応	71, 74, 132, 190
Bischler-Napieralski 反応	136
Borch 反応	108, 246, 257
Bredt 則	18, 24, 69

C

Cannizzaro 反応	72, 119
Chugaev 反応	71, 110
Claisen-Schmidt 型反応	178
Claisen-Schmidt 縮合反応	234
Claisen 縮合反応	71
Claisen 転位反応	67, 75, 143, 177
Clemmensen 還元反応	107, 162, 166, 188, 190
Cope 転位反応	72, 143, 177
Cope 脱離反応	110
Corey-Chaykovsky エポキシ化反応	246
Corey-Fuchs アルキン合成反応	114
Corey-House 反応	130, 249
Corey-Winter オレフィン合成反応	111
Criegee 酸化反応	103

Criegee 転位反応	125		
Curtius 転位反応	72, 124		

D

Dakin 反応	125
Darzens 縮合反応	181
DDQ	106, 239, 258
Dess-Martin 酸化反応	103, 240
DIBAL	109
Dieckmann 縮合反応	182
Diels-Alder 反応	62, 72, 75, 132, 179, 232, 244, 250, 251, 258, 259

E

E1 反応	36, 57
E2 反応	36, 43, 52, 57, 58, 59, 60, 69, 71, 73, 173, 195
Ei 反応	110, 256
Ene 反応	144
Eschenmoser 試薬	247
Eschweiler-Clarke 反応	109

F

Favorskii 転位反応	120, 186, 202
Fischer インドール合成反応	133, 245
Fischer エステル化反応	231
Fischer エステル合成反応	73, 101, 174, 177, 185
Fischer 投影式	4, 5, 15
Friedel-Crafts アシル化反応	72, 73, 162, 166, 190, 198
Friedel-Crafts アルキル化反応	64, 166
Friedel-Crafts 分子内アルキル化反応	235
Fries 転位反応	198
Fritsch-Buttenberg-Wiechell 転位反応	122

G

Gabrial 第一級アミン合成反応	99, 235
Glaser カップリング反応	126
Griess 反応	70, 168
Grignard 試薬	69, 168, 169, 174, 176, 184, 185, 186
Grignard 反応	70, 162, 166, 177
Grignard 付加反応	185, 190
Grob 分裂反応	112
Grubbs 触媒	128, 241
Grubbs 触媒第二世代	236, 241, 260

H

Hantzsch チアゾール合成反応	135
Harries オゾン分解反応	105
Haworth 合成反応	162, 183
Hell-Volhard-Zelinskii 反応	102, 173, 231
Henry 反応	116
Hofmann-Löffler-Freytag 反応	140
Hofmann 転位反応	72, 73, 124
Hofmann 分解反応	58, 75, 111
HOMO	75
Horner-Emmons 反応	73
Horner-Wadsworth-Emmons 反応	113, 197, 198, 231, 241, 250, 252, 253, 254, 258
Hückel 則	20, 22, 24, 26
Hunsdiecker 反応	174
hydroboration-oxidation	73, 164, 185, 186, 231, 239, 240, 252

I

i-Bu$_2$AlH	231, 236, 237
Ireland-Claisen 転位反応	191

J

Julia-Kocienski-Lythgoe 反応	114

K

k_H/k_D	42, 43
Knoevenagel 縮合反応	255
Kolbe-Schmitt 反応	130
Kolbe 電解酸化	173

L

Leuckart-Wallach 反応	109
Lindlar 触媒	63, 73, 162, 164, 187, 197, 242, 260
LUMO	75

M

Madelung インドール合成反応	134
Malaprade 反応	103
Mannich 塩基	116
Mannich 反応	116
McMurry オレフィン化反応	115
Meerwein-Ponndorf-Verley 還元反応	107
Meisenheimer 錯体	79
Michael 型付加反応	232
Michael 付加環化反応	179
Michael 付加反応	64, 74, 178, 200, 247, 254, 255

N

Nazarov 反応	142
Newman 投影式	2, 4, 15, 38

O

Oppenauer 酸化反応	104

P

Paal-Knorr ピロール合成反応	75, 135
Pauson-Khand 反応	127
Pechmann 縮合反応	138
Perkin 反応	118
Pictet-Spengler 反応	136
Pummerer 転位反応	121

R

Ramberg-Bücklund 反応	111
Reimer-Tiemann 反応	131
Robinson 環化反応	117, 178

S

Sandmeyer 反応	70, 146, 168
Sarett 酸化反応	169, 176, 186
Schiemann 反応	70, 168
Sharpless 不斉エポキシ化反応	106, 249
Simmons-Smith 反応	115, 244
Skraup 反応	137
Smiles 転位反応	122
S_N1 反応	31, 32, 43, 50, 52, 53, 54, 55, 69, 71
S_N2 反応	32, 34, 43, 50, 52, 53, 54, 59, 69, 75, 99, 100, 102, 164, 178, 183, 193, 231, 241, 257, 260
S_NAr 反応	166, 193
sp^2 混成	50, 51, 53, 58
Stevens 転位反応	126
Stobbe 縮合反応	119
Stork エナミン合成反応	75, 191, 193
Suzuki-Miyaura カップリング反応	238
Swern 酸化反応	104, 231, 238, 240, 242, 250
syn-脱離反応	71, 110, 111
s-シス	62

索引

T

Tröger の塩基 　　　　　　　　　　5, 17

U

Ullmann カップリング反応 　　　　130

V

Vilsmeier-Haack 反応 　　　　　　131

W

Wacker 反応 　　　　　　　　　　　106
Wagner-Meerwein 転位反応 　121, 180, 198
Walden 反転 　　　　　　　51, 52, 55, 56
Williamson エーテル合成反応 　　237, 238
Wittig 反応　64, 113, 174, 186, 233, 236,
　　　　　　　237, 249, 253, 254, 260
Wohl-Ziegler 反応 　　　　141, 171, 172, 188
Wolff-Kishner 還元反応 　　　108, 183, 188
Wolff 転位反応 　　　　　　　　　　122
Wurtz カップリング反応 　　　　　　169

Z

Zaitsev 則 　　　　14, 57, 58, 71, 180, 252

あ行

アキシアル位 　　　　　　　　　　　1
アシロイン縮合反応 　　　　　　　118
アセト酢酸エステル合成法 　　　　177
アノマー効果 　　　　　　　　　　18
アルドール縮合反応 　　　　　178, 204
イス形配座 　　　　　　　　　　4, 6
位置異性体 　　　　　　　　　　　1
一次速度論的同位体効果 　　　　　67
伊藤-三枝インドール合成反応 　　133
イプソ位 　　　　　　　　　　　122
エクアトリアル位 　　1, 2, 13, 14, 58, 59, 60
エナンチオマー 　　　　　　　5, 16, 17
エノール体 　　　　　　　　　　18

か行

回転軸不斉 　　　　　　　　　　16
重なり形 　　　　　　　　　　　12
加溶媒分解反応 　　　　　　33, 34, 35
還元的アミノ化反応 　　　　　245, 246
官能基異性体 　　　　　　　　　　1
逆旋的 　　　　　　　　　　　　75
求核置換反応 　　　　　　　　33, 34
求電子置換反応 　　　　　　　　29, 65
求電子的付加環化反応 　　　　　73
鏡像異性体 　　　　　　　　5, 15, 16, 69
協奏的付加環化反応 　　　　　　60
共鳴効果 　　　　　　　　　　21, 27
共鳴混成体 　　　　　　　　　　21
キラル炭素 　　　　　　　　　　4
クメン法 　　　　　　　　　　　166
構造異性体 　　　　　　　　　　1
骨格異性体 　　　　　　　　　　1

さ行

三方両錐型遷移状態 　　　　　　51
ジアステレオマー 　　　　　　　15
σ-付加体 　　　　　　　　　　65
水素結合 　　　　　　　　2, 22, 240
鈴木-宮浦カップリング反応 　　　129
スプラ型 　　　　　　　　　　201
絶対配置 R/S 表示 　　　　　　4, 5
双極子モーメント 　　　　　11, 27, 28
速度論的支配の反応 　　　　　　62
薗頭カップリング反応 　　128, 237, 243

索　引

た行

第一級カルボカチオン	64
第二級カルボカチオン	64
脱離反応	52
炭素ラジカル	67
電気陰性度	19, 20, 21, 24, 28, 65
電子環状反応	75
電子供与基	65
同旋的	75

な行

二次速度論的同位体効果	68
ねじれ形	12
熱力学的支配の反応	62

は行

光照射反応	41
光反応	42
非古典的カルボカチオン	55, 56
比旋光度	15
ヒドロホウ素化・酸化反応	105
ピナコール・ピナコロン転位反応	121, 181
非プロトン性極性溶媒	53, 69
フェノールフタレイン	76
プロトン性極性溶媒	52, 53, 69
分極率	14, 24
分子間 Friedel-Crafts アシル化反応	183
分子間水素結合	2, 14, 18
分子内 Friedel-Crafts アシル化反応	183, 190
分子内 Ullmann エーテル合成反応	249, 250
分子内アルドール縮合反応	180, 181
β-開裂反応	179, 180, 181
ベンザイン	132, 180
ベンゾイン縮合反応	116
芳香族求核置換反応（S_NAr）	10, 27
芳香族求電子置換反応（S_EAr）	10, 27, 29

ま行

マロン酸エステル合成法	190
溝呂木-Heck 反応	127
光延反応	102
メチルオレンジ	76
面不斉	16, 17

や行

山口マクロラクトン化反応	101, 241, 242, 243
誘起効果	19, 54, 65
ヨードラクトン化反応	235

ら行

ラジカル連鎖反応	67
ラセミ化	35, 43, 56
立体異性体	37
立体特異性	58
立体特異的反応	51, 57
立体配座	1
隣接基関与	55
連鎖反応	169

著者略歴

東郷　秀雄
（とうごう　ひでお）

1956 年	茨城県に生まれる
1978 年	茨城大学理学部卒業
1983 年	筑波大学大学院博士課程化学研究科修了（理学博士）
1983 年	スイス，ローザンヌ大学博士研究員
1984 年	フランス，国立中央科学研究所（CNRS）博士研究員
1989 年	千葉大学理学部助手
1994 年	千葉大学理学部助教授（大学院自然科学研究科兼任）
2005 年	千葉大学大学院理学研究科教授　現在に至る

最新の有機化学演習　有機化学の復習から大学院合格に向けて

2014 年 2 月 25 日　第 1 版 1 刷発行

著作者	東　郷　秀　雄
発行者	吉　野　和　浩
発行所	東京都千代田区四番町 8-1 電話　03-3262-9166（代） 郵便番号　102-0081 株式会社　裳　華　房
印刷所	三報社印刷株式会社
製本所	牧製本印刷株式会社

検印省略

定価はカバーに表示してあります．

社団法人　自然科学書協会会員

JCOPY 〈(社)出版者著作権管理機構 委託出版物〉

本書の無断複写は著作権法上での例外を除き禁じられています．複写される場合は，そのつど事前に，(社)出版者著作権管理機構（電話03-3513-6969，FAX 03-3513-6979，e-mail: info@jcopy.or.jp）の許諾を得てください．

ISBN 978-4-7853-3100-9

© 東郷秀雄，2014　　Printed in Japan

化学の指針シリーズ

化学環境学	御園生　誠 著	本体 2500 円＋税
生物有機化学　－ケミカルバイオロジーへの展開－	宍戸・大槻 共著	本体 2300 円＋税
有機反応機構	加納・西郷 共著	本体 2600 円＋税
有機工業化学	井上祥平 著	本体 2500 円＋税
分子構造解析	山口健太郎 著	本体 2200 円＋税
錯体化学	佐々木・柘植 共著	本体 2700 円＋税
量子化学　－分子軌道法の理解のために－	中嶋隆人 著	本体 2500 円＋税
超分子の化学	菅原・木村 共編	本体 2400 円＋税
化学プロセス工学	小野木・田川・小林・二井 共著	本体 2400 円＋税

Catch Up　大学の化学講義　－高校化学とのかけはし－	杉森・富田 共著	本体 1800 円＋税
理工系のための　化学入門	井上正之 著	本体 2300 円＋税
一般化学（三訂版）	長島・富田 共著	本体 2300 円＋税
化学の基本概念　－理系基礎化学－	齋藤太郎 著	本体 2200 円＋税
化学はこんなに役に立つ　－やさしい化学入門－	山崎　昶 著	本体 2200 円＋税
基礎無機化学（改訂版）	一國雅巳 著	本体 2300 円＋税
無機化学　－基礎から学ぶ元素の世界－	長尾・大山 共著	本体 2800 円＋税
演習でクリア　フレッシュマン有機化学	小林啓二 著	本体 2800 円＋税
基礎化学選書2　分析化学（改訂版）	長島・富田 共著	本体 3500 円＋税
基礎化学選書7　機器分析（三訂版）	田中・飯田 共著	本体 3300 円＋税
量子化学（上巻）	原田義也 著	本体 5000 円＋税
量子化学（下巻）	原田義也 著	本体 5200 円＋税
ステップアップ　大学の総合化学	齋藤勝裕 著	本体 2200 円＋税
ステップアップ　大学の物理化学	齋藤・林 共著	本体 2400 円＋税
ステップアップ　大学の分析化学	齋藤・藤原 共著	本体 2400 円＋税
ステップアップ　大学の無機化学	齋藤・長尾 共著	本体 2400 円＋税
ステップアップ　大学の有機化学	齋藤勝裕 著	本体 2400 円＋税

裳華房ホームページ　http://www.shokabo.co.jp/　　2014 年 2 月現在